BusinessVillage

MATTHIAS GARTEN

GAMIFICATION

PRÄSENTATIONEN MIT FUN-FAKTOR

SPIELERISCH, UNTERHALTSAM UND WIRKUNGSVOLL PRÄSENTIEREN

BusinessVillage

Matthias Garten
Gamification – Präsentationen mit Fun-Faktor
Spielerisch, unterhaltsam und wirkungsvoll präsentieren
1. Auflage 2023

Bestellnummern
ISBN 978-3-86980-687-7 (Druckausgabe)
ISBN 978-3-86980-688-4 (E-Book, PDF)
ISBN 978-3-86980-689-1 (E-Book, epub)
Direktbezug www.BusinessVillage.de/1154.html

Bezugs- und Verlagsanschrift
BusinessVillage GmbH
Reinhäuser Landstraße 22
37083 Göttingen
Telefon: +49 (0)5 51 20 99-1 00 Fax: +49 (0)5 51 20 99-1 05
E-Mail: info@businessvillage.de Web: www.businessvillage.de

Layout und Satz | Sabine Kempke

Illustration auf dem Umschlag | manopjk, www.istockphoto.com/de

Druck und Bindung | www.booksfactory.de

Inhalt

Über den Autor

Matthias Garten gilt im deutschsprachigen Raum als der führende PowerPoint-Experte. Als Präsentationsagentur und Akademieinhaber steht er für innovatives und effektives Präsentieren. Als Unternehmer und Trainer sorgt er mit seinem Know-how für bessere, spannendere und überzeugendere Präsentationen, sei es als Dienstleistung bei seiner Agentur oder in seinen Vorträgen und Seminaren.

Als Visionär glaubt er daran, dass jede Person mit einer wirkungsvollen Präsentation andere Menschen begeistern und für sich gewinnen kann. Mit seinen Präsentationskongressen und seinem jährlichen Vortrag zum Thema Präsentationstrends ist er seit Jahren bekannt.

Kontakt

E-Mail: kontakt@smavicon.de
Web: www.smavicon.de und www.inflow-academy.de oder LinkedIn

Die digitale Playbox, das Downloadangebot des Verlages zum Buch

Du möchtest Beispiele in PowerPoint nachvollziehen? Oder dir die animierten Folien anschauen? In der digitalen Playbox findest du eine Auswahl an Präsentationen, Videos und weiterführenden Informationen. Nutze das exklusive Zusatzangebot!

1. Animierte Präsentationen zu Grundprinzipien und andere, Headup-Display, Leuchteffekt, 3-D-Schach;
2. Videos, die mit PowerPoint erstellt wurden und verschiedene Themen des Buches plakativ zeigen;
3. Editierbare PowerPoint-Folien zur Weiterverarbeitung;
4. PowerPoint-Präsentationen mit Spielefolien;
5. Linksammlungen;
6. Zusatzmaterial und weitere Infos.

Vorwort

Gamification – Präsentation mit Fun-Faktor – der Titel hat dich angesprochen. Sehr gut, dann bist du hier schon richtig. Ich freue mich riesig, dass du mein Buch lesen willst: Es geht um Präsentieren und Präsentationen, Spiel und Spaß, Unterhaltung und Design und um Wirkung und Überzeugung.

Liebe Leserin, lieber Leser, ich will dir hier ein paar Tipps zum Lesen des Buchs geben. Das Buch soll dir helfen, unterhaltsame, spielerische und wirkungsvollere Präsentationen zu erstellen und zu halten. Das Buch setzt Präsentationswissen voraus, das heißt, du solltest schon mal Vorträge gehalten oder Präsentationen erstellt haben.

Es richtet sich an alle Personen, die Vorträge halten, insbesondere im Unternehmen, in der Weiterbildung oder in Lehreinrichtungen. Meine Beispiele sind häufig aus den Bereichen Vertrieb, Marketing, Event, Messen, Konferenzen, Training und Schulung.

Ich bin seit über dreißig Jahren im Präsentationsbusiness und mehr als neunzig Prozent aller Präsentationen sind langweilig. Und dabei ist es egal, ob es sich um ein langweiliges oder ein spannendes Thema handelt. Nicht das Thema ist entscheidend, sondern was der Referent oder die Referentin mit seiner Präsentation daraus macht.

Das Buch will dir Ideen und Inspiration geben, wie du deine nächste Präsentation aufpeppen kannst. Außerdem gibt es immer wieder Tipps und Tricks, wie du erfolgreich präsentierst und erfolgreich zu deinen Kommunikationszielen kommst.

Apropos Duzen: Das Du hat mittlerweile sehr viel Raum in meinem Umfeld und meiner Arbeit, beispielsweise in Trainings, eingenommen. Daher habe ich das auch zum Anlass genommen, das Buch in der Du-Form zu schreiben. Das erleichtert mir die Vorstellung meines Lesers.

Apropos Gendern: Ich finde gendern richtig und wichtig. Im Buch spreche ich wo es geht, lieber von Zuhörerinnen und Zuhörern oder Kundinnen und Kunden. Für eine gute Lesbarkeit habe ich mich aber in weiten Teilen für die Verwendung des generischen Maskulin entschieden. Es sind dann aber stets alle Menschen gemeint. Bitte fühlt euch angesprochen.

Zum Lesen dieses Buchs: Am besten ist es natürlich, du liest das Buch von vorne nach hinten durch. Dennoch gibt es keine zwingende Reihenfolge und du kannst wie bei einem Nachschlagewerk in ein Kapitel springen. Wenn du wenig Zeit hast, würde ich dir empfehlen, zumindest *Kapitel 5* komplett zu lesen und dann zu springen.

Die *Kapitel 1 und 3* liefern dir wertvolle Grundlagen und die Begründung, warum du deine Präsentation gamifizieren solltest. *Kapitel 4 und 5* geben dir einen Überblick über die vielen Möglichkeiten. *Kapitel 6 bis 12* vertiefen einige der Möglichkeiten von Kapitel 5. *Kapitel 13* zeigt dir nochmal Gamification in Präsentationen ganz angewandt auf spezielle Themen. *Kapitel 14* gibt einen Ausblick auf die Zukunft des Präsentierens.

Zum Schluss möchte ich mich sehr herzlich bedanken bei meiner Frau Susanne Garten, die mich immer wieder unterstützt hat und wie ein Sparringspartner für mich da war, bei meinem Team von smavicon Best Business Presentations und Inflow Presentation Trend Academy, dass sie mir den Rücken freigehalten und bei den Präsentationen unterstützt haben, bei meinen Freunden und Freundinnen, die mir Tipps gegeben haben und außerdem beim Verlag, insbesondere Christian Hoffmann und Jens Grübner.

Ich wünsche dir inspirierende, unterhaltsame und wirkungsvolle Präsentationen mit Fun-Faktor und vor allem beeindruckte Zuschauer. Viel Erfolg bei der Umsetzung!

Herzliche Grüße,

1 Gamification in Präsentationen?

Ich sitze in einem Meeting mit zwanzig Personen. Die Teilnehmer sind bunt gemischt, von der Geschäftsleitung über Abteilungsleitungen bis zu den Projektverantwortlichen. Markus, einer der Projektverantwortlichen, hat eingeladen. Es geht um ein wichtiges Projekt. Es geht darum, die Unternehmenskultur zu verändern. Kunden hatten sich über den unfreundlichen Umgang mit ihnen beschwert. Zunächst wurde das Ganze heruntergespielt, doch mittlerweile sieht man auch anhand der Umsatzzahlen, dass es doch um mehr geht.

Markus soll konkrete Maßnahmen und Pläne vorstellen, wie das Thema in den Griff zu bekommen sei. Er steht auf und startet seine Präsentation, mit der er die Anwesenden überzeugen will. Sein Ziel ist es, uns zu vermitteln, dass wir die Kommunikation nur nachhaltig verändern können, wenn wir auch intern von der Geschäftsleitung beginnend die im Unternehmen vorherrschende Gesprächskultur anpassen. Er will, dass jeder erst einmal bei sich selbst anfängt und eigene direkte Gespräche und E-Mails analysiert und verbessert.

Seine Stimme klingt monoton und eintönig. Er startet mit Allgemeinsätzen zum Thema, wie »Gute Kommunikation ist wichtig«, »Man muss miteinander reden« et cetera. Auf den Folien steht »Wichtig« mit roten Lettern und darunter mit entsprechenden Bulletpoints der Text mit den Allgemeinplätzen. Dann zeigt er uns Statistiken über die Gallup-Studie zur Mitarbeiterzufriedenheit. Und so geht es weiter. Nach gefühlten neuneinhalb Minuten daddeln die meisten Anwesenden auf dem Handy. Markus referiert jedoch ungerührt weiter. Das Halbdunkel im Raum lässt die Müdigkeit ansteigen und der ein oder andere gähnt. Eine Person verlässt leise den Raum, kommt aber nach kurzer Zeit wieder. Eine andere Person simuliert einen wichtigen Handyanruf und geht ebenfalls. Ich dachte, okay, hier stimmen einige mit den Füßen ab und entziehen sich. Nach dreißig Minuten ist der Spuk vorbei. Puh, das war Verschwendung von Lebenszeit, eine E-Mail hätte es auch getan, denke ich. In der Zeit hätte ich auch noch am nächsten Kundenangebot arbeiten können. Im Grunde war das Thema spannend und wirklich wichtig, aber Markus hat es einfach vermasselt.

Die Geschichte könnte so oder ähnlich in vielen Unternehmen und Organisationen stattfinden. Möglicherweise hast du so etwas auch schon einmal erlebt. Ich behaupte, die meisten Menschen kennen solche Situation und finden sie nur schrecklich. Viele schalten ihr Hirn aus und versuchen, irgendwie die Zeit zu überbrücken. Hätte Markus mit mehr rhetorischer Finesse, mehr Gestik, Mimik und Stimmvarianz gesprochen und die Themen spannend und unterhaltsam mit pfiffig und aktivierend gestalteten Folien vorgetragen, so hätten wir hellwach und motiviert zugehört und wären bereit gewesen, uns mit seinen Botschaften und Inhalten auseinanderzusetzen.

Warum ich diese Geschichte erzähle? Gerade das Thema Unternehmenskultur beziehungsweise Kommunikation bietet sich für eine gamifizierte Präsentation an. Gerade wenn ein Thema wichtig ist und gerade wenn es darauf ankommt, möglichst viele Zuhörer wirklich in ein aktives Handeln zu bringen, dann ist die spielerische und unterhaltsame Darbietung ein Türöffner. So gelingt es leichter, einen leichten und wirkungsvollen Veränderungsprozess in Gang zu setzen. Manchmal ist es überhaupt der einzige Weg, denn nur mit dem Verstand und reiner Logik werden die wenigsten Herausforderungen bewältigt.

Klar ist auch, diese Art von Präsentationen mit Fun-Faktor passt nicht immer, etwa bei schwierigen Themen, die eine starke persönliche Betroffenheit innehaben. Doch es gibt viele Bereiche, wo die motivierende und unterhaltsame Präsentation die bessere Wirkung entfaltet.

Gamification ist eine gute Möglichkeit, dein Publikum einzubeziehen und deine Präsentation interaktiver zu gestalten. Die Präsentation macht mehr Spaß und bleibt für alle Beteiligten unvergesslich. Gamification wirkt, weil es gezielt unser Gehirn aktiviert und so Veränderungsprozesse in Gang setzt. Bei vielen Präsentationen ist Gamification der entscheidende Unterschied, der zum Erfolg führt. Hier ein paar Beispiele, die ich selbst mitgestaltet und erlebt habe:

Die gamifizierte Verkaufspräsentation bleibt besser im Gedächtnis der Kunden und Interessenten, aktiviert diese mehr und erzielt bessere Abschlüsse.
Die gamifizierte Trainingspräsentation aktiviert die Teilnehmer, die Aufmerksamkeit steigt und das Gelernte bleibt besser im Kopf.
Die gamifizierte Strategiepräsentation motiviert die Mitarbeiter. Die Präsentation geht viral und bekommt Kultstatus. Die Strategie wird zum Erfolg.
Die gamifizierte Marketingpräsentation begeistert den Vertrieb und die Händler. Die Präsentation bleibt im Kopf und löst aus, was man als Marketingreferent haben möchte: nämlich, dass alle heiß auf den Verkauf der neuen Produkte sind.
Die gamifizierte Pressepräsentation überrascht Journalisten und Multiplikatoren. Die Präsentation fördert die Kreativität und die Schreibfreude über das Thema. Die Anzahl der veröffentlichten Wörter steigt.
Die gamifizierte Investorenpräsentation wirkt cool und anders als bei den anderen. Sie öffnet den Investor und regt seine Fantasie an. Sich mit solch einer Präsentation von anderen abzuheben ist wichtig, gerade wenn es um neue Produkte und Services geht.

Was ist Gamification?

> **Gamification ist die Verwendung von Spielelementen und -mechanismen in einem nicht spielerischen Kontext.** (Wikipedia)

Die gamifizierte Präsentation bedeutet die Ideen-Übertragung aus dem Bereich Gaming (Spiele) auf Präsentationen. Das können zum Beispiel das Spielkonzept, die Spielwelten, die Spielelemente und viele Dinge mehr sein. Dazu mehr im Abschnitt über Grundprinzipien und Möglichkeiten.
Gamification motiviert Menschen und hilft dir, Zuschauer zu aktivieren. Es erhöht die Aufmerksamkeit der Zuhörer, indem man Spaß und Wettbewerb einbaut. Mit Gamification-Elementen kannst du deine Präsentationen fesselnder und interaktiver gestalten und gleichzeitig

den Zuhörern helfen, wichtige Informationen zu behalten. Präsentationen werden dynamischer und lebendiger. Sie tragen dazu bei, dass wichtige Informationen unterhaltsam und dennoch zielführend vermittelt werden.
Gamification macht komplexe Informationen verständlicher, indem ein spielerischer Zugang mit einem leichten Einstieg genutzt werden kann.
Gamification hilft beim Überzeugen. Die Menschen werden besser aktiviert. Das macht es leichter, Mitarbeiter und Kunden zu überzeugen.
Gamification unterstützt einen CEO dabei, die Mitarbeitenden zu überzeugen. Durch die Verwendung von spielähnlichen Elementen kann man den natürlichen Wunsch nach Wettbewerb nutzen. Es wird für die Menschen einfacher, die Logik des Gesagten zu verstehen und der Argumentation zu folgen (Hofstede: 27).
Verkäufer können Gamificationelemente in ihren Präsentationen einsetzen, damit sich Kunden in das zu verkaufende Produkt oder die Dienstleistung besser hineinversetzen können, was die Kaufentscheidung erleichtert (Kotler et al. 2004: 27).
Insgesamt ist Gamification ein neues und sehr effektives Instrument, um die Präsentationsziele besser zu erreichen und gleichzeitig ein wunderbar wirksames Mittel, um jedes Publikum in den eigenen Bann zu ziehen. Gamifizierte Präsentationen machen es sowohl für die Vortragenden als auch für die Zuhörer leichter und lockerer.
Gamification ist in den letzten Jahren immer beliebter geworden. Man kann fast sagen, dass es ein Kennzeichen moderner Arbeitskonzepte wie agiles Arbeiten oder New Work geworden ist. Die Arbeitswelt hat den Homo ludens erfasst, so schreibt es jedenfalls Christian Böhmer in seinem gelungenen Buch »Agile Games«. Für Präsentationen gilt der Trend im gleichen Maße.

Insgesamt bietet der Einsatz von Gamification in Präsentationen viele Vorteile – vor allem, wenn du nach Möglichkeiten suchst, deine Auftritte vor großem und kleinem Publikum einprägsamer zu gestalten.

Bevor wir weiter ins Detail gehen, lass uns einen tieferen Blick auf Präsentationen werfen.

2

Der Dreiklang der guten Präsentation

Viele Menschen denken beim Stichwort »Präsentieren« daran, wie Sie mit PowerPoint-Folien ihre Mitmenschen für sich oder ihre Vorhaben gewinnen können. Doch das greift zu kurz. Um Gamification besser verstehen und wirklich erfolgreich anwenden zu können, müssen wir tiefer schauen. Worum geht es beim Präsentieren wirklich? Meist wollen wir unser Gegenüber überzeugen, zu einer bestimmten Handlung veranlassen oder wenigstens die eine oder andere Haltung im Kopf verändern. In der Antike, als Präsentationen nach heutigen Verständnis noch gar nicht erfunden waren, war das nicht anders, nur war damals der Gedanke und das Wort die Schwerter und weniger der Beamer mit PowerPoint. Aus der Antike sind drei lateinischen Begriffe für gute Reden bekannt, nämlich:

- docere – informieren, lehren
- delectare – erfreuen, unterhalten
- movere – bewegen, motivieren

Diese drei Kennzeichen guten Redens gelten vollkommnen zu Recht als die Klassiker der Rhetorik und haben bis heute nichts an ihrer Bedeutung verloren. Viele professionelle Presentatoren, wie Keynote Speaker, Berufsredner oder sogenannte Motivationsredner nutzen dieses Konzept. Sie halten motivierende, unterhaltsame und informative Vorträge gegen Honorar. Jeder dieser Berufsredner kennt die drei Aspekte und punktet damit bei Auftraggebern und Zuhörern. Von daher ist das schon Beweis genug für die Relevanz dieser drei Elemente guter Rhetorik.

Die drei Aspekte lassen sich auf Präsentationen, also die Kombination von Rede und Visualisierung, übertragen und sind auch hier gültig. Solche Darbietungen begeistern die Zuschauer und bewegen etwas.

2.1 Das D der Präsentation – die Nussschale

Der erste Aspekt »docere« bedeutet: Wir informieren unser Publikum und geben damit Erkenntnisse und Wissen weiter. Es können Zahlen, Daten, Fakten, Zusammenhänge, Gründe, Beispiele, Erfahrungen und vieles mehr sein. Die meisten von uns kennen diese Art von Informationspräsentationen aus dem betrieblichen oder schulischen Umfeld. Dazu gehören etwa:

- Unternehmenspräsentationen, bei denen das Unternehmen mit seiner Vision, Mission, Historie, seinen Produkten, Standorten, Mitarbeitern et cetera vorgestellt wird;
- oder Finanzpräsentationen, beispielsweise bei einer Präsentation eines Controllers, der aufzeigt, wie sich Umsätze, Kosten, Deckungsbeiträge und so weiter entwickelt haben;
- oder Schulungspräsentationen, beispielsweise wird bei der Einführung einer neuen Software die Belegschaft geschult und lernt, welche Funktionen es gibt und wie man die Software benutzt.

Die Liste ließe sich jetzt noch beliebig erweitern.

Was jedoch alle Docere-Präsentationen eint, ist die Aufgabe, möglichst viel Wissen und Erkenntnisse komprimiert in kurzer Zeit zu vermitteln. Der Zuschauer soll das Wissen in einer Nussschale bekommen. Die Ziele der Präsentationen können dabei unterschiedlich sein:

- Soll eine Entscheidung anhand der Inhalte der Präsentation getroffen werden, zum Beispiel bei einer Projektbudgetpräsentation, werden logisch nachvollziehbare Argumentationsketten aufgebaut. Das Ziel der Präsentation ist es, die Entscheider zu überzeugen oder zumindest entscheidungsrelevante Informationen zu liefern, damit das Budget genehmigt wird.

- Soll ein Arbeitsprozess vermittelt werden, zum Beispiel Schulung der Eingabe von Stammdaten in das Softwaresystem, ist das Ziel, das sinnvolle Vorgehen der Eingabe der Daten in die Software zu vermitteln, sodass die Nutzer der Software wissen, was sie tun und wie sie es tun sollen.

Wenn du jetzt darüber nachdenkst, wirst du schnell feststellen, dass die meisten aller Präsentationen in die Gattung Docere-Präsentationen gehören. Du fragst dich, was denn jetzt mit den beiden anderen Aspekten ist, die zu einer guten Präsentation gehören, nämlich delectare (unterhalten) und movere (bewegen)?

Wirft man nochmal einen anderen Blick auf das Thema, sieht man, dass »docere« rational ausgerichtet ist. Es ist faktisch und sachlich, man konzentriert sich auf die Zahlen, Daten und Fakten, während »delectare« und »movere« emotional geprägt sind.

2.2 Das U der Präsentation – das Dopamin

Wir kennen »delectare« (unterhalten, erfreuen) hauptsächlich aus den klassischen Unterhaltungsmedien, wie Theater, Kino, Fernsehen oder aus Social-Media-Kanälen wie TikTok, Instagram, Facebook, Pinterest oder YouTube. Die Palette der Formate reicht dabei von Comedy, Satire, Kabarett über Unterhaltungsshows, Quizshows, Reportagen, Dokumentationen, Nachrichten bis hin zu Sitcoms, Serien, Kurz- und Spielfilmen. Das Hauptziel ist, Zuschauer zu »unterhalten« und je nach Format erfolgt das unterschiedlich. Vielleicht bist du eben beim Lesen über das Format »Nachrichten« gestolpert?

Und du hast dich gefragt, warum Nachrichten – das sind doch reine Informationen und Fakten. Bei tieferem Eintauchen ist zu erkennen, dass selbst die Nachrichtenformate Wissen und Informationen unterhaltsam aufbereiten und damit nicht mehr nur eine Ansammlung von Fakten sind. Aktuelle Informationen werden nicht nüchtern vorgestellt, sondern abwechslungsreich, bildhaft und leicht verständlich präsentiert. Das klingt im ersten Moment etwas ernüchternd, weil wir glauben, dass wir in den Nachrichten ausschließlich informiert werden. Das stimmt jedoch nur bedingt. Es ist die Art und Weise, wie wir informiert werden und das hat in den Unterhaltungsmedien immer einen Unterhaltungswert.

Ein Beispiel dazu aus den Tagesthemen (Das Erste):
Als Ingo Zamperoni über die Artemis Mission, also die Mission der NASA zum Mars berichtet, erscheint er vor der Kamera in einem Raumanzug anstelle seines normalen Anzugs (= Docere-Präsentation) und erläutert anhand einer Computeranimation die verschiedenen Stationen der Reise.

Ein Beispiel aus TikTok
Der Finanznerd (TikTok: 27) bringt News zu den neuesten Gesetzen und Regeln, die die Regierung beschlossen hat, zum Beispiel wie viel Rente man mit 3.000 Euro Bruttogehalt bekommt oder zum 49-Euro-Ticket für den öffentlichen Nahverkehr.

Die Informationen werden auf unterhaltsame Weise verpackt, so spricht der TikTokker sehr schnell, es werden dazu unterhaltsame Icons wie Eurozeichen, Geldscheine oder Smileys kurz und flackernd wie bei einer Weihnachtsbeleuchtung eingeblendet. Das Ganze wirkt eher wie ein Computerspiel, bei dem für bestimme Worte immer das entsprechende Piktogramm einfliegt.

Wir erkennen an diesen zwei Beispielen den spielerischen, unterhaltsamen Charakter, den Nachrichten bekommen können. Man könnte sagen in TikTok sind die Nachrichten gamifiziert.

Menschen konsumieren Medien meistens in ihrer Freizeit. Nach dem Motto: In der Freizeit schaue ich mir etwas freiwillig an. Ich will mich erfreuen, will entspannen, will etwas genießen, will mich gut fühlen, will etwas erleben, will etwas Interessantes erfahren, will neugierig gemacht werden, ... Es soll mich in einen emotionalen Zustand der Freude, des Glücks, des Erlebens, der Wut, des Erstarrens (Horror, Drama), ... versetzen.

Warum? So werden jede Menge Hormone freigesetzt, wie Dopamin für Freude oder Glücksgefühle oder Adrenalin, Cortisol für Stress.

Berücksichtigen wir den unterhaltsamen Bestandteil einer jeden Präsentation, können wir von einer Menge von Vorteilen profitieren:

- Die Zuschauer sind aufmerksamer und folgen den Ausführungen der Vortragenden besser.
- Die Zuschauer werden emotionalisiert. Als Referenten lösen wir Gefühle aus. Wir managen den Gefühlszustand der Zuschauer. Ich bezeichne das auch als »Zustandsmanager«. Zuschauer sind damit offener für Themen, die sie vorher vielleicht gar nicht interessiert haben.
- Durch Gamification bleiben die Zuschauer konzentrierter an der Sache, haben mehr Spaß und fühlen sich besser.

Meine Erfahrung hat gezeigt, dass die erfolgreichen Keynote Speaker sehr viele Lacher beim Publikum bekommen, wenn mit Spaßfaktor vorgetragen wird. Gute Speaker schaffen neunzig Lacher pro neunzig Minuten Vortrag. Sie halten ihr Publikum durch eng getaktete Lacher bei sich und ihren Informationen. Bei Comedians ist die Lacherdichte noch etwas höher, dafür liefern sie wenig neues Wissen, sondern verpacken Bekanntes humorvoll.

2.3 Das M der Präsentation – das Vertrauen

Das M steht für »movere« (lateinisch) = bewegen. Das Wort Motivation leitet sich auch von diesem Wortstamm ab. Ziel vieler Präsentationen ist, Menschen zu einer Handlung zu bewegen, sei es im Verkauf den Interessenten zu bewegen, den Auftrag zu bestätigen, bei Projekten die Projektmitarbeiter zu motivieren, im Training das Verhalten der Teilnehmer zu verändern oder in einer Mitarbeiterabstimmung die Mitarbeiter einzuladen, einer Sache zuzustimmen. Menschen zum Handeln zu bewegen, ist ein wichtiges Thema in der heutigen Welt. Ich unterscheide dabei drei Ebenen:

Einmal die gesellschaftliche Ebene, hier geht es darum, wie sich die Gesellschaft als Ganze verändern soll. Zum Beispiel: Verhalten in Bezug auf Umwelt, Minderheiten und vieles mehr.
Die nächste Ebene ist die Ebene der Organisationen. Hierzu gehören für mich Unternehmen, staatliche Stellen, NGOs (Non-Governmental Organization, deutsch Nichtregierungsorganisation) und so weiter.
Wenn sich der Markt verändert, muss sich auch das Unternehmen verändern. Ein Beispiel: Wenn Konsumenten nur mehr vegetarische Lebensmittel anstelle von Fleisch kaufen und das Unternehmen verkauft Fleischwaren, muss sich das Unternehmen anpassen, wenn es am Markt bleiben will. Eine entsprechende Präsentation würde Mitarbeiter bewegen, sich der neuen Situation anzupassen.
Auf der letzten Ebene ist das Individuum. Als Vortragender möchte ich das Verhalten eines Menschen verändern. Ich möchte ihn zum Beispiel von neuen Glaubenssätzen überzeugen. Beispiel: eine Person ist Raucher und ist überzeugt, damit nicht aufhören zu können. Mit meiner Präsentation möchte ich die Person davon überzeugen, dass die Abstinenz des Genussmittels besser für die Gesundheit ist und die logische Konsequenz, den Rauchkonsum auf Null zu reduzieren.

Als Vortragender und Vortragende suchen wir meistens auch nach Wegen, wie wir mehr Menschen dazu bringen können, sich zu engagieren und sich für bestimmte Themen einzusetzen. Eine Möglichkeit, dies zu tun, ist Informationen auf eine ansprechende Art und Weise zu präsentieren, sodass die Menschen mehr erfahren wollen.

Präsentationen sind also ein gutes Mittel, um Menschen zu bewegen. Studien haben gezeigt, dass Menschen, denen Informationen auf visuelle und ansprechende Weise präsentiert werden, sich diese eher merken und danach handeln. Deshalb sind Präsentationen so wichtig: Sie können uns helfen, mehr Menschen mit unserer Botschaft zu erreichen und Menschen bei Entscheidungen unterstützen, die Auswirkungen auf ihr Leben haben.

Durch wirkungsvolle Präsentationen können wir unsere Zuhörer motivieren und inspirieren, sich direkt für unsere Anliegen einzusetzen. Mit der richtigen Botschaft und Präsentation kann eine überzeugende Präsentation der Katalysator sein, der eine Person oder eine Gruppe von der Untätigkeit zum Aktivismus bewegt. Wirksame Präsentationen haben die Macht, Meinungen zu verändern, Innovationen anzustoßen und dauerhafte Veränderungen zu bewirken.

Es ist wichtig, sich mit den Einstellungen und Erwartungen deiner Zuschauer zu beschäftigen. Sind diese eher positiv oder negativ gegenüber dir oder dem Thema eingestellt? Sind ihre Erwartungen hoch oder niedrig?

Das bedeutet, im ersten Schritt eine Verbindung von dir zu dem Publikum zu schaffen. Zum Beispiel über Gemeinsamkeiten, wie Hobbys, Beweggründe, Vorstellungen, Erlebnisse oder Geschichten.

Wenn ich zum Beispiel Präsentationstraining für Trainer und Coaches halte, stelle ich bei meiner Person eher den Trainer als den Unternehmer in den Vordergrund. Das heißt nicht, dass ich den Unternehmer nicht erwähne, sondern ich schaffe Verbindung dadurch, dass die Teilnehmer wissen, ich könnte auch einer von ihnen sein. Nicht immer geht das mit der eigenen Person, hier nutze ich persönliche Erfahrungen, welche die Teilnehmer auch gemacht haben. Beispielsweise »langweilige Präsentationen« – die kennt jeder, da stimmen hundert Prozent der Teilnehmer zu. Oder wir lachen gemeinsam über eine Anekdote, die ich erzähle.

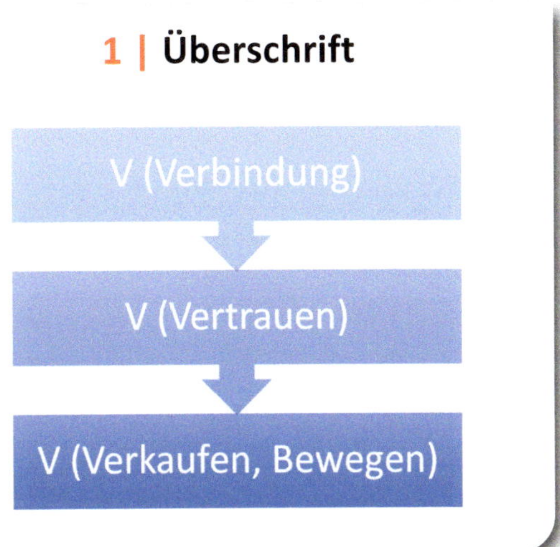

Kurzum wir haben eine Gemeinsamkeit und das schafft Verbindung, was wiederum Vertrauen erzeugt und damit meine Überzeugungskraft steigen lässt. Mit dem Vertrauen und der Überzeugungskraft kann ich Menschen bewegen, etwas zu tun.

Dabei kann mir eine gamifizierte Präsentation helfen, weil der Teilnehmer dadurch auf spielerische Art und Weise erkennt, was er tun sollte. Ich komme nicht mit dem erhobenen Zeigefinger, sondern mit einer Einladung. Eine Einladung, mir zu folgen. Das Spielerische öffnet die Zuschauer, es erstaunt, macht neugierig und schafft Verbindung. Darüber hinaus gibt es noch eine Reihe weiterer Elemente in Präsentationen, die Menschen bewegen, aktiv zu werden. Hier ein paar Beispiele:

Soziale Beweise

Nutze soziale Beweise in deinen Präsentationen. Menschen lassen sich im Allgemeinen eher von den Handlungen anderer beeinflussen, also können wir dieses Wissen in Präsentationen verwenden. Wenn du zum Beispiel jemanden dazu bringen willst, etwas zu tun, was seinen persönlichen Überzeugungen nicht ganz entspricht, appelliere an den sozialen Beweis der Mehrheit – zeige ihm, dass andere Menschen es auch tun.

Motive

Verstehe, was Menschen motiviert. Was wollen oder brauchen sie? Was sind ihre Ziele? Wenn du das weißt, kannst du besser an ihre Interessen appellieren. Wenn du zum Beispiel willst, dass jemand eine Entscheidung allein auf der Grundlage von Logik und Vernunft trifft, musst du damit rechnen, dass er nicht auf dich hört, wenn die Entscheidung nicht mit seinen persönlichen Werten oder Zielen übereinstimmt. Versuche stattdessen, direkt an dessen Gefühle zu appellieren (zum Beispiel mit emotionalen Worten wie »glauben« oder »vertrauen«).

Autorität

Sei bestimmt. Menschen sind glaubhafter, die selbstbewusst und selbstsicher auftreten. Das bedeutet, dass du eine positive Einstellung zeigst und Vertrauen in deine Argumente hast.

Argumente

Nutze sachliche und logische Argumente. Ziehe Beispiele und Statistiken heran, wenn es nötig ist. Sie werden dir helfen, deine Argumente auf einprägsame Weise zu illustrieren!

Emotionale Appelle

Nutze hin und wieder emotionale Appelle. Appelle sprechen die Emotionen der Menschen auf einer tieferen Ebene an, als es rationale Argumente oft tun. Zum Beispiel: Nutze gamifizierte Präsentationen, weil du damit länger im Gedächtnis bleibst und Menschen öffnest, motivierst und bewegst.

2.4 Gamifizierte Präsentation

Gamification verfügt also über eine Reihe von Vorteilen, zum Beispiel Zuschauer sind aufmerksamer, inspirierter und aktivierter. Zuschauer behalten mehr und können auf unterhaltsame Weise überzeugt werden.

Auch wenn du mir all das nicht glaubst, denke mal an einen Comedian. Es ist für mich immer wieder ein Faszinosum, wie Comedians mit ihren humorvollen Beiträgen Menschen nicht nur begeistern, sondern manchmal auch von Ideen und Botschaften überzeugen können. Ein Beispiel, welches mich selbst überzeugt hat, sah ich bei Bernhard Ludwig, einem österreichischen Kabarettisten, der eines Tages aus Jux und Laune auf der Bühne sagte, wenn er abnehmen wolle, mache er das mit eins und null (1–0). Alle waren erstaunt und fragten sich, was das soll? Er lieferte auch die Auflösung: Einen Tag essen (1), einen Tag fasten (0). Das Publikum lachte laut und die meisten taten es als Witz ab. Um die Leute zu motivieren, das Ganze mal auszuprobieren, schob Ludwig hinterher, das helfe im Übrigen auch bei einem anderen Problem, denn die meisten Menschen seien – Zitat wörtlich: »underfucked oder overworked«.

Ein Mann aus dem Publikum dachte sich, das probiere ich aus, und tatsächlich funktionierte es. Vom Erfolg berichtete er sechs Monate später dem Comedian. Letztlich ließ Ludwig die Methode wissenschaftlich untersuchen und suchte weitere Studien dazu heraus. Er schrieb ein Buch (Ludwig 2012: 33) dazu, veröffentlichte eine App fürs Handy und heute ist Intervallfasten in der breiten Masse angekommen. Vielen auch bekannt als weiterentwickelte Systeme wie 16/8 (sechzehn Stunden fasten) oder 5/2 (zwei Tage fasten).

Ich lernte das System ein paar Jahre später kennen, als das Buch 2012 veröffentlicht wurde. Das Lustige, Spielerische hatte mich angesprochen und für das Thema geöffnet. Zusammen mit den Argumenten im Buch, war ich motiviert, der Sache eine Chance zu geben. Tatsächlich hatte ich Erfolg und konnte mit der Methode mein Gewicht nochmal deutlich reduzieren. Wäre es als normales Diät-Buch herausgekommen, hätte ich es wahrscheinlich ignoriert.

Das Beispiel zeigt deutlich, wie stark der U-Anteil einer Präsentation wirkt und welchen Einfluss er zusammen mit D- und M-Anteil hat.

2.5 Die Landkarte der gamifizierten Präsentationen

Eine spannende Frage ist, bei welchen Präsentationsanlässen sich Gamification-Elemente besonders gut einsetzen lassen und wo mit besonders positiver Resonanz zu rechnen ist. Das ist natürlich immer eine Frage der Einschätzung des Publikums.

Aber die Landkarte der gamifizierten Präsentationen auf der folgenden Seite ist eine sehr praktische Hilfe und Orientierung. Sie hilft, den Grad der Gamifizierung in der eigenen Präsentation zu bestimmen.

Auf der x-Achse sehen wir den Grad der Gamifizierung, also wie spielerisch und unterhaltsam die Präsentation gestaltet werden kann. Auf der y-Achse, wie stark der Anteil von Ratio (Vernunft, Docere-Anteil) und Emotio (Gefühl, Movere-Anteil) einer Präsentation ist.

Berichte und Analysen sollten immer sehr rational aufgebaut sein. Hier geht es um Information und die Vermittlung von Zahlen, Daten und Fakten. Auch wenn gerade hier eine Auflockerung der meist trockenen Inhalte wünschenswert ist, sollten wenig Gamification-Elemente enthalten sein. Eventpräsentationen und Keynotes vor großem Publikum eignen sich hingegen sehr gut für den Gamification-Ansatz. Hier sind Emotionen und Unterhaltungselemente gefragt, um die Menschen überhaupt zu erreichen.

2 | Die Landkarte der gamifizierten Präsentationen

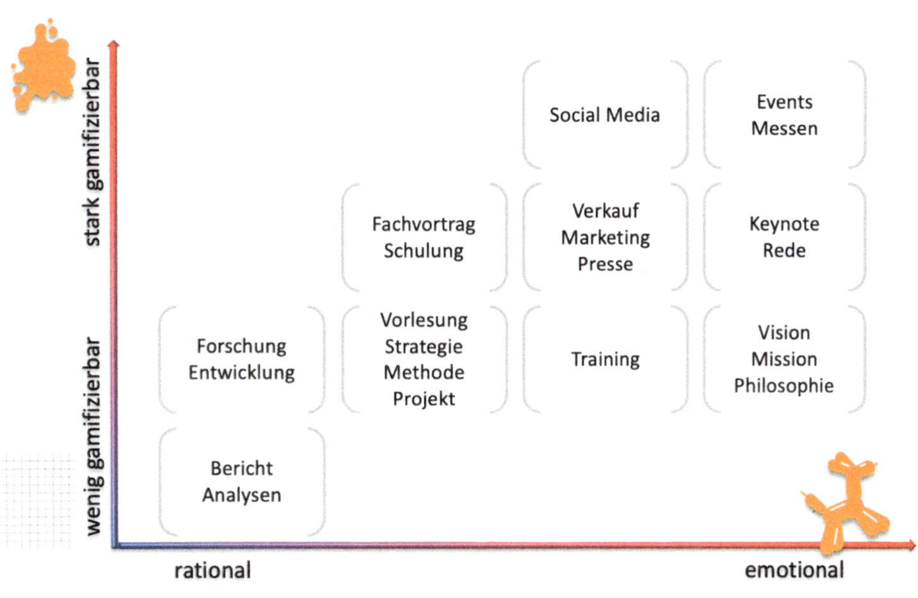

3

Die Grundprinzipien von Gamification in Präsentationen

Gamification liegen Spiele zugrunde. Es gibt eine Fülle von Spielen. Viele Spielkonzepte sind sehr gut analysiert und bereits auch Objekt wissenschaftlicher Untersuchungen. Heute ist zum Beispiel bekannt, wie Spiele aufgebaut sein müssen, um interessant und relevant zu sein.

In diesem Abschnitt will ich einen Überblick aufzeigen und Anregungen geben, welche Spiele es gibt und wie man Konzepte und Ideen im Allgemeinem auf Präsentationen übertragen kann. In den Folgekapitel geht es dann um tiefer gehende Einzelaspekte. Es ist zu berücksichtigen, dass sich Gamification im Bereich Weiterbildung, also Trainings, Seminare, Coaching und Workshops, bereits etabliert hat und eine Reihe von Anbietern gamifizierte Lernprogramme anbieten.

In den Bereichen Präsentationen und Vorträge jedoch ist das Thema Gamification noch neu. Das bedeutet, dass es nur wenig Untersuchungen beziehungsweise Studien dazu gibt. Erkenntnisse lassen sich von Spielen und gamifizierten Trainings übertragen.

Werfen wir zunächst einen Blick auf die Vielzahl von Spielen. In Wikipedia findet man die folgenden Unterscheidungen (Warwitz et al. 2021 und Scheuerl 1990: 44): Die meisten Spiele lassen sich diesen Kategorien zuordnen. Beispielsweise zählen zu den Bewegungsspielen: Fangspiele, Laufspiele, Hüpfspiele, Geschicklichkeitsspiele und Ballspiele. Sehspiele, Hörspiele, Tastspiele zu den Wahrnehmungsspielen, die Würfelspiele und Kartenspiele zu den Glücksspielen. Karten-, Brett- und Tischspiele werden den Gesellschaftsspielen zugeordnet. Für ein Spiel gilt immer ein bestimmter Spielmechanismus. Als Spielmechanismus oder Spielmechanik wird der Ablauf eines Spiels bezeichnet, also die Art, auf die aus einer definierten Ausgangssituationen, den Spielregeln und den Aktionen der Spieler ein Spielerlebnis entsteht. Egal wo, wie und wann das Spiel stattfindet, die grundlegenden Spielregeln sind immer gleich. Je nach Ausgestaltung gibt es auch kleine Abweichungen.

Für die Gamifizierung sind der Spielmechanismus und das Spielkonzept wichtig. Das Spielkonzept beschreibt

3 | Unterschiedliche Spielarten

Wahrnehmungsspiele	Entdeckerspiele	Kennenlernspiele	Entspannungsspiele
Bewegungsspiele	Abenteuerspiele	Gesellschaftsspiele	Kooperative Spiele
Wettspiele	Konstruktionsspiele	Glücksspiele	Kriegsspiele
Friedensspiele	Hämespiele	Lernspiele	Erotikspiele

die strategische Gestaltung eines erfolgreichen Spielverlaufs. Will ich zum Beispiel Schach auf einen Vortrag übertragen, sollte ich die Mechanismen (Ausgangspunkt, Ablauf, Regel, Aktionen) kennen und auch einen Plan haben (Spielkonzept).

Beides, also Spielmechanismus und Spielkonzept, lässt sich auf Vorträge und Präsentationen übertragen, daher lautet das erste Grundprinzip »Spielmechanismus und Spielkonzept«.

3.1 Grundprinzip 1 – Spielmechanismus und Spielkonzept

> Der Spielmechanismus und Spielkonzepte werden auf Präsentationen übertragen.

Schauen wir uns hierzu zwei Beispiele an:

Beispiel 1: Das Schachspiel in einer Unternehmensvorstellung

Es geht bei dieser Präsentation darum, die Leistungen einer Steuerkanzlei vorzustellen. Ziel ist es, sich von anderen Kanzleien abzuheben, im Gedächtnis zu bleiben und neue Klienten zu gewinnen. Als Metapher wird das Schachspiel gewählt. Die erste Überlegung ist, dass wir die Einzelfiguren des Schachspiels mit ihren Stärken und Schwächen zeigen. Dazu muss man natürlich wissen, wie Schach grundlegend funktioniert.

In der Präsentation nutzen wir unter anderem:

- Der Turm kann gut in die senkrechte und waagerechte Richtung wirken – die Analogie: Es gibt Steuerberater, die sehr gut geradeaus denken können.
- Der Läufer zieht auf dem Schachfeld diagonal – die Analogie: Schräg denken und so zum Ziel kommen.
- Der Bauer kann ein oder zwei Felder ziehen – die Analogie: auf Buchhaltung reduziert.
- Die Dame kann in alle Richtungen ziehen – die Analogie: Wir sind die Steuerberatung, die in alle Richtungen denken kann und damit den größten Erfolg hat.

Im nächsten Schritt werden Szenarien gebaut, zum Beispiel: Was passiert, wenn es eine Betriebsprüfung gibt? Dazu werden die Figuren auf dem Schachfeld in einer bestimmten Aufstellung gezeigt. Die schwarzen Figuren symbolisieren im übertragenen Sinn das Finanzamt. Die weiße Mannschaft den Mandanten mit seinem Steuerberater. Mit Animationen können dann in Spielzüge geformt werden, die eine bestimmte Analogie ausdrücken sollen, beispielsweise die Herausgabe von bestimmten Unterlagen und so weiter. Am Ende kann die Steuerberatung die richtigen Spielzüge machen und beim Mandanten punkten.

Auf der folgenden Seite finden sich einige Eindrücke der Präsentation. Sie zeigen als Grundbild das Schachspiel als Metapher für eine Überzeugungspräsentation einer Steuerkanzlei. Die Präsentation wurde mit PowerPoint erstellt. Jede Figur ist als 3-D-Objekt angelegt und kann von allen Seiten betrachtet werden. Die 3-D-Figuren können auf dem Schachbrett bewegt und perspektivisch verändert werden. Mit Kameraflügen kann die Präsentation noch interessanter gestaltet und der Gamification-Effekt verstärkt werden.

4 | Beispielhafte Illustrationen für das Schachspiel

Beispiel 2: Der Lernpfad in einem Training

In diesem Beispiel wird ein Würfelspiel als Spielmechanismus gewählt. Der Würfel soll für den Zufall im Leben stehen und das Spielfeld den Lebens- oder Karriereweg beschreiben. So lassen sich spielerisch Stationen im Leben darstellen und beschreiben; auch sinnbildlich das Leben als Zufallsprodukt von Entscheidungen und Ereignissen. Das animierte Würfelduo verleiht der Präsentation zusätzlich eine spielerische Komponente.

Die Präsentation wird im Training beziehungsweise beim Coaching eingesetzt, um aufzuzeigen, wie Lebens- und Karrierewege erfolgreich gestaltet werden können.

Bei vielen Teilnehmern prägt sich die »Lebens- und Karrierespiel«-Präsentation ein und bleibt im Gedächtnis und verbindet viele Elemente des Spiels mit dem Leben. Durch die animierten Würfel kommt nochmal Bewegung und das Spielerische auf die Folien. Damit ist die Aufmerksamkeit sichergestellt.

5 | Der Lebens- und Karriereweg als Würfelspiel, sinnbildlich für Zufall und Glück

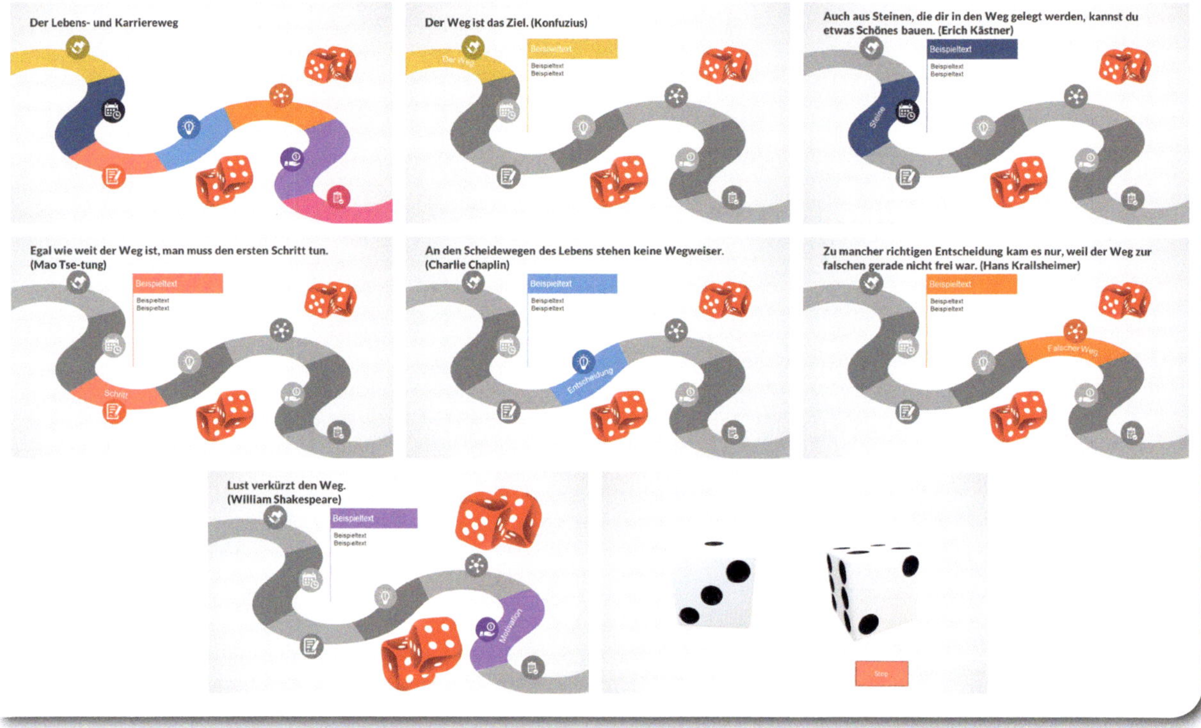

Ein weiterer Aspekt ist die Spielewelt. Die Spielewelt ist der Ort, in dem das Spiel stattfindet. Es kann sich um eine virtuelle Welt, eine Simulation oder eine reale Welt handeln. Konkrete Beispiele dazu sind das Spielen am Computer, am TV mit Spielekonsole, im Spielcasino, am Esstisch, im Freien und so weiter. Ein Glücksspiel, wie zum Beispiel Roulette, kann sowohl im Casino als auch zu Hause oder online gespielt werden.

Jede Spielewelt hat eine eigene Anmutung. Für mich ist das die Inszenierung des Spiels, was sich in Formen, Farben, Figuren, Objekten, der Umgebung et cetera ausdrückt und den speziellen Reiz eines Spiels ausmacht. Nehmen wir beispielsweise das Roulettespiel und stellen uns zwei Varianten vor: Einmal die Onlinevariante mit grünem Spieltisch in einer grafisch illustrierten Form, die in schwarz, weiß und rot gehalten ist. Das andere Roulettespiel findet in einem Casino statt, der blaue Spieltisch mit gelben und roten Feldern. Die Jetons (die Spielmarken) sind ebenfalls unterschiedlich in Farbe, Form und Beschaffenheit.

6 | Zwei unterschiedliche Spielanmutungen

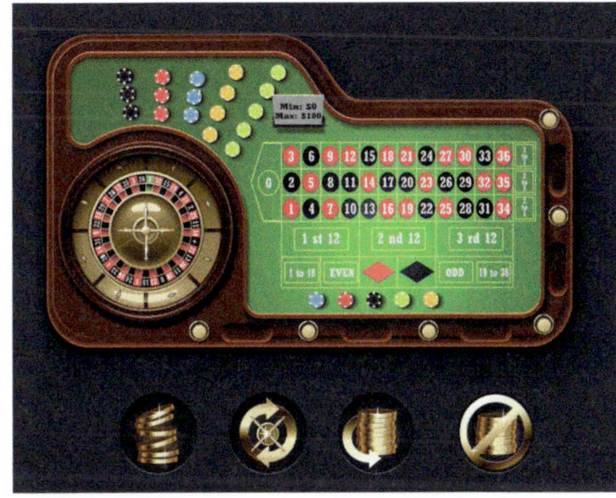

Was bedeutet das für Präsentationen?

Wir können die Spielewelt samt Anmutung auf unsere Präsentation grafisch und klanglich übertragen. Wir können Farben, Formen, Figuren, Objekte und so weiter als Analogie und Metapher verwenden.

3.2 Grundprinzip 2 – Spielanmutung

> Die Spielewelt samt Anmutung wird auf Präsentationen visuell und hörbar übertragen.

Beispiel 1: Die Fußballanalogie

Für eine meiner Trainingspräsentation zum Thema »Wahrnehmungspsychologie und Visualisierung«, nutze ich als Metapher das Fußballspiel. Ich zeige Bilder aus der Welt des Frauen- und Männerfußballs und übertrage die Botschaften. Hier beispielsweise wie das weitere Vorgehen aussieht.

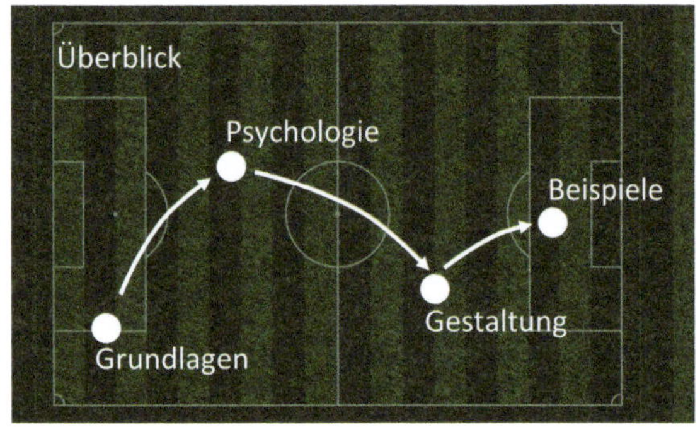

Mit dieser Folie, die den strategischen Plan abbildet, zeige ich, wie es für die Teilnehmer weitergeht.

Andere Beispiele aus dem Bereich Fußball: Eckfahne, Tor, Ball, Stürmer, Verteidiger, Torwart, Mannschaft, Foul, Halbzeit, Verlängerung, ... Hierzu lassen sich gute Bilder finden und übertragen, beispielsweise:

»So schaffen wir es, wie in der Bundesliga mitzuspielen« – illustriert mit einem Tabellenbild.
»Der wichtigste Schiedsrichter ist der Markt beziehungsweise sind die Kunden« – dazu das Bild von einem Schiedsrichter.
»Unsere Mitbewerber bekommen die rote Karte« – illustriert mit dem Bild einer roten Karte.

Beispiel 2: Präsentation zum Thema Change

Change ist eines der großen Themen in Organisationen und Unternehmen. Meistens ist das Umfeld komplex, Stichwort »VUCA«, und hat viele Teilaspekte.

> Das VUCA-Modell beschreibt die Veränderungen der heutigen Welt. Das Wort VUCA ist ein Akronym und steht für **V**olatility (Volatilität), **U**ncertainty (Ungewissheit), **C**omplexity (Komplexität) und **A**mbiguity (Ambiguität).

Um den Change beherrschbar zu machen, legt man Grenzen fest und arbeitet dann innerhalb dieser. Man legt außerdem fest, was die wichtigsten Elemente sind und findet heraus, wie diese zusammenspielen. Also: Welche Produkte, Programme, Einflüsse gibt es? Am Ende des Schrittes werden Tools bestimmt, mit denen der Wandel geschaffen werden soll. Um das Vorgehen anschaulich zu machen, bietet sich als Metapher ein Poolbillardspiel an. Poolbillard verfügt über ähnliche Aspekte: die Bande definiert die Grenze, die Kugeln die Elemente; das Queue, die Kuppe und die Hände sind die Werkzeuge. Der Verlauf des Billardspiels ist dem Ablauf der Veränderung der Rahmenbedingungen im Unternehmen oder der Organisation ähnlich. Wie beim Billard folgt auch der Change dem gleichen Ablauf:

Erstens: Es gibt einen festgelegten Endzustand (Ziel). Am Anfang legt man fest, was am Ende erreicht werden soll, übertragen auf Billard, dass alle Kugeln versenkt werden sollen. Durch die Veränderung entsteht eine neue Situation. Je nach dem Verlauf ist es schwer, die nächste Zwischenstation vorauszusehen. Entsprechend sollten die Ziele offen formuliert werden.

Zweitens: Der Istzustand (Ausgangssituation) wird bestimmt. Am Anfang ist es sinnvoll, alle relevanten Positionen zu erfassen. Beim Billard sind das die Kugeln und die Verteilung auf dem Tisch. Beim Change sind es die Gesichtspunkte der Veränderung, wie zum Beispiel die Prozesse, EDV, Verwaltung oder die Unternehmenskultur zu der Werte und Glaubenssätze gehören.

Drittens: Eine klare Strategie wird benannt. Es braucht einen Plan, der den Ablauf der Maßnahmen festlegt. Die nächste Aktion (Billardstoß) bestimmt die Wirkung in der eingeschlagenen Richtung. Beim Billard muss vor einem Stoß vorgedacht werden, etwa die Richtung der Bewegung oder der Aufprallwinkel der Kugeln. Beim Change werden die sich gegenseitig bedingenden Anpassungen vorausgedacht, etwa welche Auswirkungen hat die Änderung des Workflows auf die Mitarbeiter und ihre Wertmaßstäbe?

Viertens: Wirkungsvolle Tools werden gesucht. Man braucht viel Glück, wenn man ein bestimmtes Ergebnis mit schlechten Werkzeugen erreichen will. Die Qualität der Tools beeinflusst die Treffsicherheit. Beim Billard sind es der Queue und die mit Kreide ausgeglichene Kuppe sowie die Qualität des Tisches, die das Laufverhalten der Kugeln bestimmen. Die Einführung des Wandels arbeitet mit den weichen Faktoren und benötigt Methoden und Verfahren, die wirksam die mentalen Modelle und Überzeugungen der Betroffenen auf die Veränderungen vorbereiten.

Man könnte das Beispiel weiter fortführen. Die folgende Folie zeigt, wie die Metapher in PowerPoint genutzt wird.

8 | Billardspiel als Metapher für Change

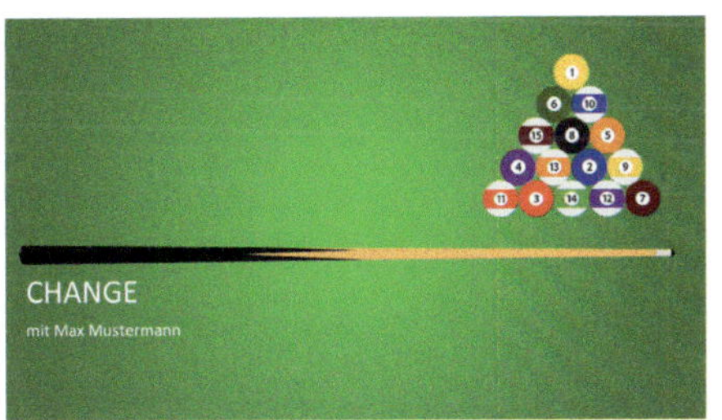

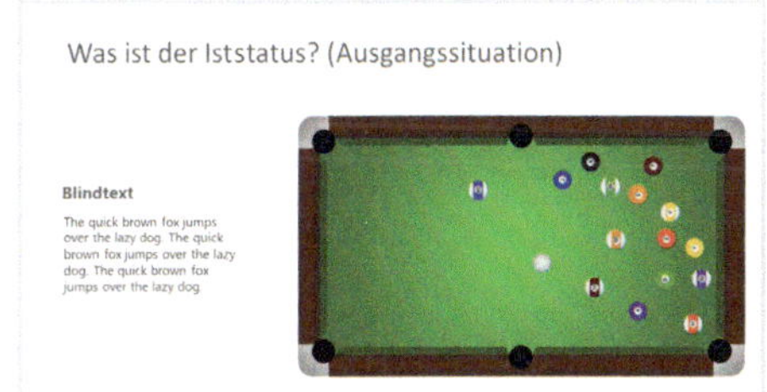

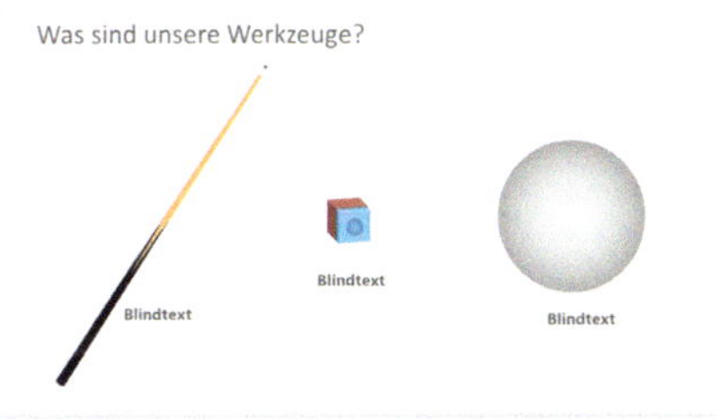

Spielemetapher im Frequenzträgermodell der Präsentationen

Eine Metapher ist eine Sprachfigur, bei der man ein Bild benutzt, um etwas zu beschreiben, das man nicht so leicht in Worte fassen kann. Stell dir zum Beispiel vor, du beschreibst das Herz eines Menschen als »Pumpe". Das ist natürlich nicht wortwörtlich gemeint, aber durch den Vergleich mit einer Maschine, die Blut durch den Körper pumpt, wird die Funktion des Herzens besser verständlich. Eine Metapher kann also helfen, komplexe Ideen oder Gefühle auf eine anschauliche und verständliche Weise auszudrücken. Es ist also eine coole Möglichkeit, um deinen Ideen und Botschaften mehr Tiefe und Kreativität zu verleihen.

Die Spielemetapher findet sich auch im sogenannten Trägerfrequenzmodell für Präsentationen wieder. Damit ist Folgendes gemeint: Der Begriff »Trägerfrequenz« kommt aus der Funktechnik. Wenn heute etwas per Funk empfangen oder gesendet wird, dann gibt es eine Trägerfrequenz, auf der das passiert. Bei Wireless LAN (WLAN) ist das 2,4 GHz oder 5 GHz, beim Mobilfunk ist das die Frequenz GSM 900 oder GSM 1800.

Über diese Trägerfrequenz werden nun Daten aufmoduliert und gelangen so zu ihrem Ziel. Daten können Sprache, Bilder, Videos und vieles mehr sein. Aufmodellieren bedeutet, dass die Daten eine deutlich geringere Frequenz haben als die Trägerfrequenz und damit auf die Trägerfrequenz gelegt werden. Diese transportiert dann die Daten. Oder ganz einfach ausgedrückt: Die Daten reiten auf der Welle. Metaphorisch kannst du dir das vorstellen, wie ein Stück Holz, das sich auf den Wellen im Meer bewegt beziehungsweise transportiert wird. Das ist jetzt sehr simpel ausgedrückt, die Realität ist natürlich etwas komplizierter.

Die Trägerfrequenz wird in einer Präsentation in Form von Leitmotiv, Leitworten und Leitbildern festgelegt. Ein Beispiel: Unser Thema ist das Softskillthema »Wie führe ich richtig?«. Die Trägerfrequenz beziehungsweise das Leitmotiv ist Fußball. Dieses Leitmotiv bildet jetzt den roten Faden für die Präsentation. Wir modulieren unsere Inhalte auf diese Metapher. Zum Beispiel: Leitworte, Leitbotschaften – wir benutzen Wörter aus dem Fußball und übertragen sie.

Der Mannschaftskapitän: Im Fußball ist der Mannschaftskapitän derjenige, der die Mannschaft auf dem Spielfeld anführt. Im Geschäftsleben bedeutet dies, als Vorgesetzter oder Teamleiter Verantwortung zu übernehmen und das Team zu motivieren.

Der Torjäger: Der Torjäger im Fußball ist derjenige, der die meisten Tore schießt und damit das Spiel gewinnt. Im Geschäftsleben bedeutet dies, dass man ein Ziel vor Augen hat und hart daran arbeitet, dieses Ziel zu erreichen.

Der Verteidiger: Im Fußball bewacht er das Tor und hindert den Gegner daran, Punkte zu erzielen. Im Geschäftsleben bedeutet das, dass man als Risikomanager oder Sicherheitsbeauftragter die Interessen des Unternehmens schützt und Gefahren minimiert.

Oder »Wie vergrößern wir die Fangemeinde, also unsere Kunden?« oder »Das ist ein Heimspiel für uns.«

Die Leitbilder könnten sein:

Rote Karte ⇨ Das Symbol für No-Gos, also eine Regel, was in der Zusammenarbeit oder im Projekt verboten ist.
Mannschaftsaufstellung ⇨ Die Rollen und Aufgaben der Teammitglieder.
Tor ⇨ Das Ziel von Strategie und Maßnahmen.
Torjubel ⇨ Feiern, wenn das Ziel erreicht ist.

Bei den Spielen tritt eine Gattung besonders in den Vordergrund, nämlich die computerbasierten Spiele beziehungsweise teilweise auch Videospiele genannt. Sie sind interaktive Spiele, die auf einem Computer, einer Konsole oder einem mobilen Gerät gespielt werden. Sie zeichnen sich durch die Verwendung von Grafik, Sound und interaktiven Elementen aus und können in vielen verschiedenen Genres und Stilen entwickelt werden, darunter Action, Abenteuer, Rollenspiele, Simulationen und Strategie. Die meisten Videospiele werden mit

9 | Das Trägerfrequenzmodell der Präsentationen

Trägerfrequenzmodell

- Leitmotiv?
- Leitworte?
- Leitbilder?

Maus, Tastatur, Gamepad oder Touchscreen gesteuert und bieten dem Spieler die Möglichkeit, in eine imaginäre Welt einzutauchen und verschiedene Aufgaben und Herausforderungen (Quests) zu meistern.

Die Spanne der Spiele ist sehr breit, wie die unvollständige Übersicht auf der nächsten Seite zeigt.

Computerspiele haben mittlerweile den Filmmarkt vom Umsatz her überholt. Schaut man sich heute moderne Spiele an, sind diese vergleichbar mit Blockbusterproduktionen, teilweise fotorealistisch mit computerberechneten Szenen und Figuren.

Neben Film sind Computerspiele daher eine gute Quelle für Ideen in Präsentationen. Vor allem finden sich bei vielen Spielen spannende visuelle und auditive Effekte. Zum Beispiel der Laserstrahl einer energetischen Waffe, die spektakuläre Explosion eines Objekts, das zischende Geräusch eines Raumschiffs und vieles mehr.

Tatsächlich haben mein Team und ich schon einige Effekte aus Spielen entlehnt. Zum Beispiel Glanzeffekte, Leuchteffekte, Geräusche und vieles mehr.

Wenn man sich das Apple Präsentationsprogramm Keynote anschaut, finden sich dort Rauch- und Feuereffekte bei den Animationen. Man erkennt sofort den Bezug zu Spielen und Filmen. Das führt mich zum nächsten Grundprinzip.

10 | Unterschiedliche Spielarten

Action

- Arcade und Rhythmus
- Egoshooter
- Hack and Slash
- Kampfspiele und Kampfkunst
- Plattformer und Runner
- Shoot 'em up
- Third-Person-Shooter

Rollenspiele

- Abenteuer-Rollenspiele
- Action-Rollenspiele
- Gruppenbasiert
- JRPG *
- Roguelikes
- Rundenbasiert
- Strategische Rollenspiele

Strategie

- Echtzeitstrategie
- Globalstrategie und 4X **
- Karten- und Brettspiele
- Militärspiele
- Rundenbasierte Strategie
- Städte- und Siedlungsbau
- Tower Defense

Abenteuer

- Abenteuer-Rollenspiele
- Gelegenheitsspiele
- Komplexe Handlung
- Metroidvania
- Rätsel
- Visual Novels
- Wimmelbilder

Simulationen

- Bauen und Automation
- Dating-Simulationen
- Hobbys und Jobs
- Immersive und Lebenssimulationen
- Landwirtschaft und Herstellung
- Sandbox und Physik
- Weltraum und Flug

Sport- und Rennspiele

- Alle Sportarten
- Angeln und Jagen
- Einzelsport
- Mannschaftssport
- Rennspiele
- Rennsportsimulation
- Sportsimulationen

* JPRG steht für Japanese Role-Playing Games;
** 4X steht für »explore«, »expand«, »exploit« und »exterminate«, übersetzt also »erkunden«, »expandieren«, »ausschöpfen« und »vernichten«.

3.3 Grundprinzip 3 – Computerspiele

Computerspiele sind inspirierende Quellen für Präsentationsideen. Visuelle und auditive Effekte sollten bei Präsentationen nur im Sinne der Zielerreichung emotionalisierend und abgewogen eingesetzt werden.

Beispiel 1: Lichtreflex

Die Folie ist ein Ausschnitt aus einer Präsentation für die Vermarktung einer Innovation. Wir nutzten hier einen animierten Lichtreflex, um das Wort »NEUES« hervorzuheben. Der Reflex blendet sich kurz ein und wieder aus. Er genügt, um die Aufmerksamkeit des Zuschauers darauf zu lenken. Die Idee dazu kam uns, als wir in einem Computerspiel sahen, wie auf einer Landkarte einzelne Städte mit einem ähnlichen Lichtreflex hervorgehoben wurden. Realisiert wurde das Ganze mit PowerPoint. Wir fügten ein statisches Bild von einem Lichtreflex ein, stellten den Hintergrund mithilfe der Funktion Bildformat – Freistellen frei und blendeten das Licht für eineinhalb Sekunden ein und wieder aus. Das ist dezent genug, um die Aufmerksamkeit schnell wieder auf den Referenten und die Präsentation zu lenken.

11 | Lichtreflex

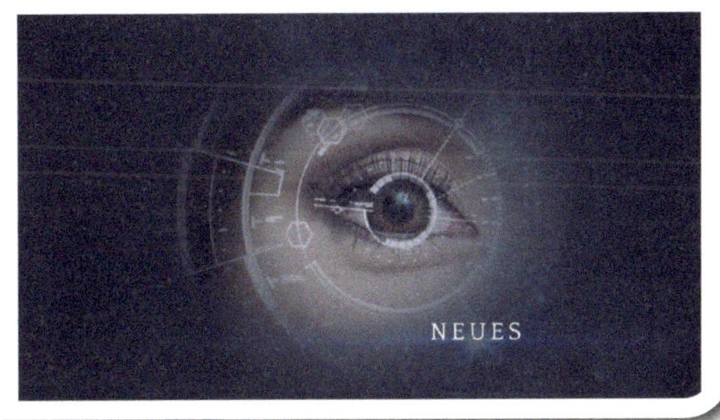

Beispiel 2: Head-up Display

In vielen Computerspielen gibt es während des Spiels Anzeigetafeln mit wertvollen Informationen für den Spieler. Hier werden etwa Infos zu Ressourcen, wie Energie, Wasser, Treibstoff, Bewaffnung und vieles mehr angezeigt.

In Präsentationen lassen sich damit zum Beispiel Produkteigenschaften, Marketingkennzahlen, und vieles mehr darstellen. Neulich habe ich eine solche Darstellung als Kapiteltrenner verwendet. Bewusst einfach und kurz gehalten, um die Aufmerksamkeit auf mich zu lenken.

Die Animation dauert nicht länger als zwei Sekunden. Für die Zuschauer ist es eine kurze, spannende Abwechslung. Anschließend kann man sich wieder auf den nächsten Präsentationsabschnitt konzentrieren.

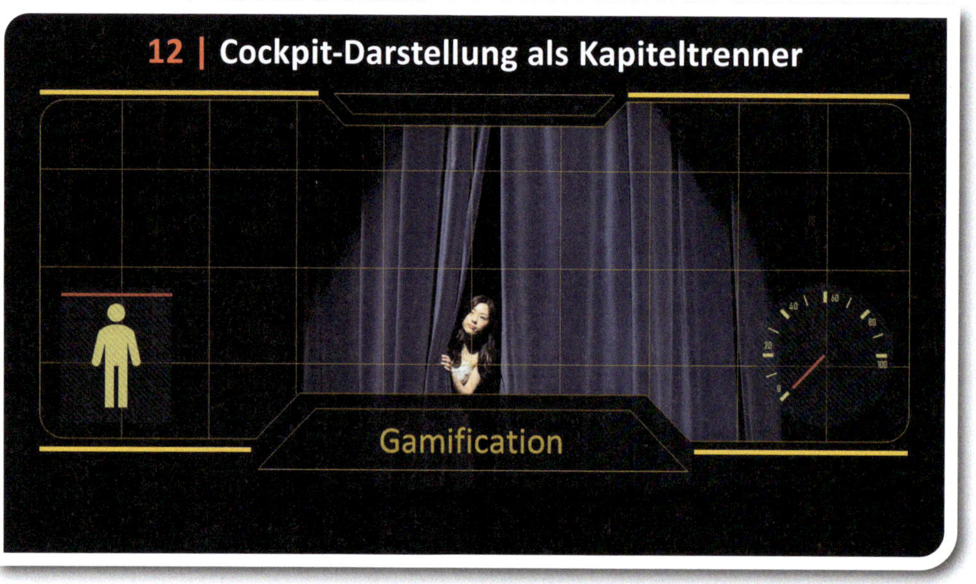

Wie kann ich trockene Themen spielerischer und unterhaltsamer präsentieren?

Ich weiß noch, wie ich das erste Mal auf einer Messe vortragen sollte. Es war eine Messe über Foto, Video, Multimedia et cetera. Es wurden einige tausend Besucher erwartet. Ich sollte auf einer speziellen Bühne, bei der es ausschließlich um Multimedia ging, sprechen. Ich wurde mit Bild, Vita und so weiter im Programmheft angekündigt und der Veranstalter sagte, es gibt mit Sicherheit für mein Thema »Multimediale Präsentationen« viele Interessierte. Ich fühlte mich geehrt und wollte unbedingt auftreten.

Ich hatte mich intensiv vorbereitet und war circa eine Stunde vor Beginn meines Vortrags vor Ort. Der Vortrag sollte in keinem Raum, sondern in einer großen Halle auf einer offenen Bühne mit ungefähr hundert Sitzplätzen stattfinden. Ich verschaffte mir einen ersten Überblick.

Ich setzte mich dann in den Vortrag meines Vorredners und lauschte seinen Worten. Kurz vor fünfzehn Uhr gab es dann eine kleine Umbaupause für mich. Ich schloss mein Laptop mit der Hilfe des Technikers an und war startklar. Der Techniker verschwand dann wieder. In der ersten Reihe saßen immerhin schon zwei Personen. Puh, dachte ich, da kommen sicherlich noch ein paar dazu. Ich startete trotzdem, da der Veranstalter einen straffen Zeitplan hatte. Ich sah – während ich redete – Hunderte Menschen an den hundert Sitzplätzen vorbeigehen. Manchmal blieben sie stehen, hörten eine bis zwei Minuten zu, manchmal setzen sie sich, um etwas Mitgebrachtes zu trinken oder zu essen und gingen dann weiter. Aber immerhin die zwei Zuhörer in der ersten Reihe blieben.

Nach fünfundvierzig Minuten beendete ich meinen Vortrag und die Beiden in der ersten Reihe applaudierten. Ich ging auf die beiden zu und bedankte mich, dass sie dabei geblieben sind. Der Erste antwortete, kein Ding, ich bin der Techniker, der hier die Schicht ab fünfzehn Uhr übernommen hat. Der andere bedankte sich für meinen interessanten Vortrag, zog dann sein Laptop aus der Tasche und ging in Richtung Bühne. Er war der nachfolgende Referent. Du kannst dir sicher vorstellen, wie es mir ging. Ich war total frustriert. Dann dachte ich mir, Übung macht den Meister.

In der Reflexion ist mir einiges klar geworden. Die wohl wichtigste Erkenntnis war: Ich hätte anders präsentieren müssen!

Wenn ich heute auf einer Messe präsentiere, nutze ich sehr viel Gamification in meinen Präsentationen. Die Messebesucher lieben es, wenn sie zur Abwechslung eine spielerische und unterhaltsame Präsentation sehen. Ich nutze viele Elemente, die hier auch im Buch beschrieben sind, zum Beispiel Comics, Humor, Erklärfilme, Special Effects, Interaktionen und so weiter.

Das Resultat heute: In der Regel starten meine Vorträge auf Messen mit wenig Zuschauern, aber mit zunehmender Vortragsdauer füllen sich die Plätze. Zum Schluss stehen die Zuschauer meistens in mehreren Reihen hintereinander und hören zu.

Gut, ich gebe zu, es ist nicht immer so, da es auch noch von ein paar anderen Faktoren abhängt, wie zum Beispiel: Gibt es parallel Sessions? Ist der Raum auch groß genug?

Was ich dir mitgeben möchte: Messen sind anstrengend, wie du vielleicht selbst weißt. Wenn du es schaffst, die Besucher mit deiner Präsentation ein wenig zu unterhalten und gleichzeitig deine Botschaft und wertvolle Tipps zu platzieren, hast du gewonnen.

4.1 Messe und Vertriebspräsentationen interessant gestalten

Vor einiger Zeit kam ein Hersteller von 3-D-Druckern auf uns zu und wollte seinen mannshohen, nagelneuen 3-D-Drucker auf einer Messe präsentieren. So eine Maschine wiegt sehr viel, die Transportkosten sind hoch und man braucht entsprechende Standflächen. Die Überlegung war: Die Maschine in einer Präsentation darzustellen und so dem Publikum vorzustellen. Zudem sollte die Präsentation in abgewandelter Form später auch als Vertriebspräsentation genutzt werden.

Es war klar, wenn der Drucker auf einer Messe vorgestellt werden soll, muss die Präsentation Gamification-Elemente enthalten. Zudem analysierten wir auch, wie der Mitbewerb sich voraussichtlich präsentieren wird. Der Drucker als solches ist ein erklärungsbedürftiges technisches Gerät. Die Grundfunktion ist schnell erklärt. Es ist jedoch wichtiger, die differenzierenden Details herauszuarbeiten und darzustellen.

Nach der Präsentationsanalyse, die bei uns etwa dreißig Parameter umfasst, darunter Ziel, Zielgruppe und so weiter, gingen wir an die Konzeption.

Letztlich entschieden wir uns, einen speziellen Comic- beziehungsweise Zeichenstil zu nutzen. Der Unterscheidung zu all den anderen Präsentationen auf der Messe schafft. Darüber hinaus nutzten wir die Metapher Rennsport und wir nutzten Special Effects wie einen Zahlencounter – also hochzählende Zahlen, wie man sie von der ein oder anderen Website auch kennt.

Der Referent der Messepräsentation erlebte, dass die Folien Zuschauer anzog, weil sie so anders war, als die vielen anderen Präsentationen auf der Messe.

Das Ergebnis: Die Firma hob sich deutlich von der Konkurrenz ab und bekam deutlich mehr Anfragen als üblich.

Fassen wir noch einmal zusammen: Der 3-D-Drucker ist ein erklärungsbedürftiges technisches Gerät und sollte so präsentiert werden, dass möglichst viele Nachfragen generiert werden. Dies wurde unter anderem durch Gamification-Elemente erreicht, die die Präsentation von der Konkurrenz abheben. Die Idee war, den visuellen Bezugsrahmen zu verändern. Wie das aussehen kann, zeigt die folgende Folie beispielhaft:

13 | Zeichnung statt Foto fiel auf der Messe auf und erzielte höhere Aufmerksamkeit

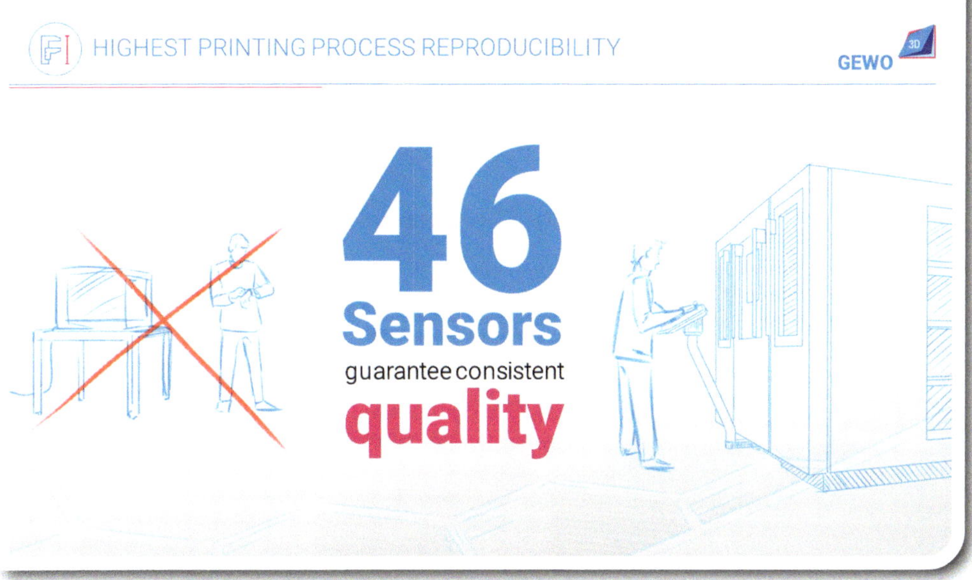

4.2 Finanzpräsentationen und zahlenlastige Marketingpräsentationen innovativ gamifizieren

Finanzpräsentationen sind Präsentationen, bei denen viele Zahlen und Daten präsentieren werden, zum Beispiel bei:

- einem Investor, um ihn für ein Vorhaben zu gewinnen;
- einer Jahrestagung des Vertriebs, um aktuelle Ziele und Ergebnisse zu präsentieren;
- einer Bilanzpressekonferenz, um die Öffentlichkeit über das vergangene Quartal und den Ausblick zu unterrichten, um letztlich dafür zu sorgen, dass etwa der Aktienkurs steigt;
- einer Marketingkonferenz, um über aktuelle KPIs (Key Performance Indikator), Produkteinführungen, ... zu berichten;
- einem Boardmeeting, um die Strategie mit Zahlenmaterial zu untermauern;
- einem Projektreview, um zu sehen, wie sich die Zahlen entwickelt haben;
- einer Firmenpräsentation die Kennzahlen des Unternehmens gut darzustellen, damit Interessierte die Folien in Ruhe anschauen und sich ein Urteil bilden können;
- eine Vorlesung, bei der es um die Vermittlung von wichtigen Kennzahlen geht;
- eine Studie oder Marktforschung mit neuesten Ergebnissen.

Es gibt also eine ganze Reihe von Einsatzgebieten, in denen trockene Zahlen, interessant dargestellt werden sollten, um die Zuschauer abzuholen und mitzunehmen. Zahlen können auf vielfältiges Weise dargestellt werden, wie wir auf den nachfolgenden Bildern gleich sehen werden. Die gezeigten Beispiele sind mit PowerPoint realisiert worden und lassen sich leicht anpassen, was für viele Anwender wichtig ist.

Die nachfolgende Folie (Abbildung 14) wirkt durch die Excel-Tabelle schnell überladen und überfordert viele Zuschauer, wenn sie so eine Folie zum ersten Mal in einer Live-Präsentation sehen. Schickt man die Präsentation dagegen im Vorfeld an die Teilnehmer, können sie sich informieren und können bei der Live-Präsentation dem Sprecher besser folgen.

Wenn man Kunden fragt, über welche Zahlen auf der Folie sie denn sprechen, kommt meistens: »Ich will eigentlich nur einen Überblick geben und es soll vollständig sein.«

Die Folie ist einer Kundenpräsentation entnommen und mit fiktiven Daten bestückt worden. Im Präsentationscoaching mit dem Kunden kam heraus, dass er nur über die gelb markierten Stellen sprechen möchte. Die Idee war dann, das Ganze einzudampfen und für eine Live-Präsentation tauglich zu gestalten, wie man auf der nächsten Folie (Abbildung 15) sieht:

14 | Tabelle mit Daten und Zahlen in einer Präsentation

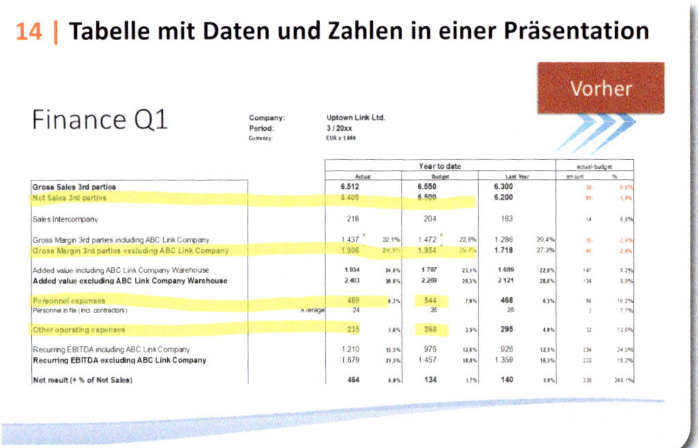

		Year to date						actual-budget	
		Actual		Budget		Last Year		amount	%
Gross Sales 3rd parties		**6.512**		**6.550**		**6.300**		38-	0,6%
Net Sales 3rd parties		6.409		6.500		6.200		91-	1,4%
Sales Intercompany		218		204		163		14	6,8%
Gross Margin 3rd parties including ABC Link Company		1.437	22,1%	1.472	22,6%	1.286	20,4%	35-	2,4%
Gross Margin 3rd parties excluding ABC Link Company		1.906	29,3%	1.954	29,7%	1.718	27,3%	48-	2,4%
Added value including ABC Link Company Warehouse		1.934	24,8%	1.787	23,1%	1.689	22,8%	147	8,2%
Added value excluding ABC Link Company Warehouse		2.403	30,8%	2.269	29,3%	2.121	28,6%	134	5,9%
Personnel expenses		489	6,3%	544	7,0%	468	6,3%	56	10,2%
Personnel in fte (incl. contractors)	Average	24		26		26		2	7,7%
Other operating expenses		235	3,0%	268	3,5%	295	4,0%	32	12,0%
Recurring EBITDA including ABC Link Company		1.210	15,5%	976	12,6%	926	12,5%	234	24,0%
Recurring EBITDA excluding ABC Link Company		1.679	21,5%	1.457	18,8%	1.359	18,3%	222	15,2%
Net result (+ % of Net Sales)		**464**	6,0%	**134**	1,7%	**140**	1,9%	330	246,1%

15 | Die Zahlentabelle als Diagramm mit Symbolen

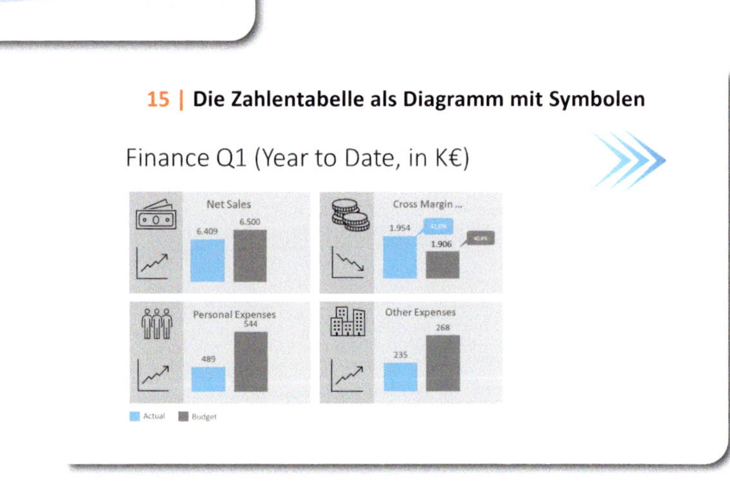

Die gamifizierte Variante lässt sich im Buch nicht so gut darstellen. Denn das spielerische Element kommt durch die Animationen. In der gamifizierten Variante ist die hier gezeigte Folie zusätzlich komplett animiert: Symbole bauen sich auf, Säulen fahren hoch, Zahlen werden eingeblendet, ... Die Aufmerksamkeit ist gewiss – vor allem bei Online-Meetings. Im nächsten Beispiel geht es um KPIs – also Performance Parameter.

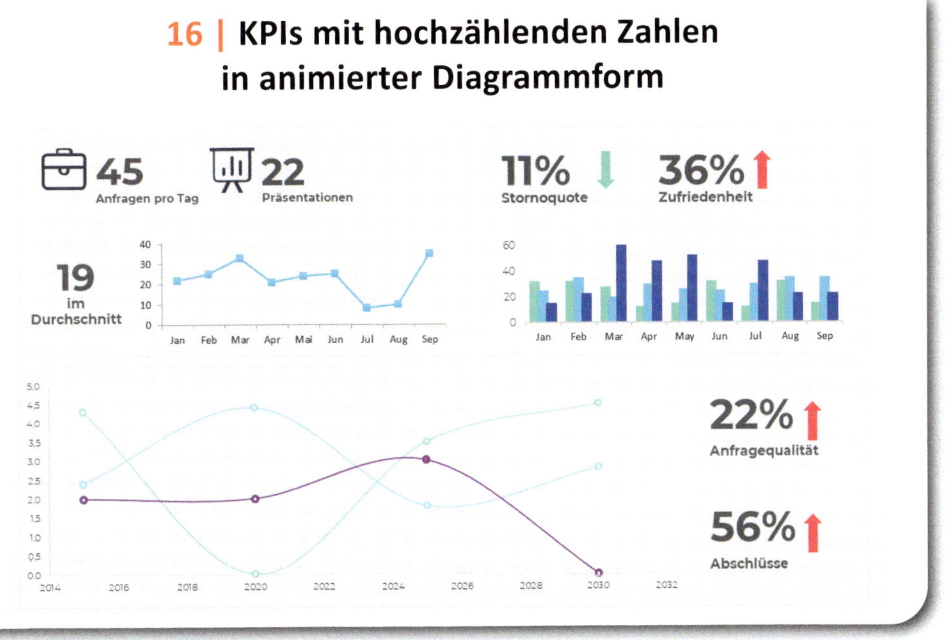

Auf der Folie sieht man schon die aufgelockerte Form im sogenannten Kacheldesign-Look, lediglich sieben Zahlen, übersichtlich angeordnet und mit Diagrammen unterfüttert. In der gamifizierten Fassung zählen die Zahlen wie bei einem Zählwerk innerhalb von zwei Sekunden nach oben und bleiben beim Endwert stehen. Diese Hochzählvariante kennen wir auch von vielen Websites und Apps. In Präsentation erzeugt das Neugier und ist ein Hingucker.

Das Prinzip zur Erstellung solch hochzählender Zahlen ist relativ einfach: Die 01 einblenden, die 01 ausblenden, die 02 einblenden, die 02 ausblenden, die 03 einblenden und so weiter, so lange bis der Endwert erreicht ist. Ist die Ein- und Ausblendzeit sehr kurz, zum Beispiel 1/25 Sekunde, entsteht der Effekt des Hochzählens.

In vielen Vertriebsmeeting -und konferenzen konnte damit schon für Überraschung und Begeisterung gesorgt werden.

Eine Alternative dazu sind dekonstruierte Zahlendarstellungen. Die Zahlen werden in kleine Einzelteile zerlegt (dekonstruiert) und animiert, sodass sich zum Schluss wieder alles zusammensetzt. Der Effekt ist überraschend und macht Spaß beim Zuschauen. Der Merkfaktor bei den Zuschauern steigt extrem an.

17 | Die dekonstruierten und animierten Zwischenschritte in PowerPoint bis die Zahl 500 erscheint

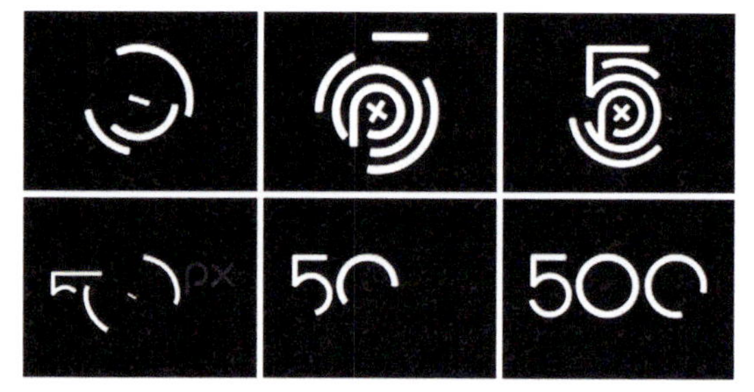

Eine weitere Variante, Zahlen, Daten, Fakten unterhaltsamer aussehen zu lassen, ist die Abkehr von klassischen Diagrammen, so wie wir sie in den üblichen Präsentationsprogrammen finden. Beispielsweise:

- Liniendiagramm als Wellendiagramm,
- neonfarbene Linien,
- statt klassischer rechteckiger Säule eine spitz zulaufende Säule,
- Säulenfüllung als Aufbau von abgerundeten Rechtecken,
- statt Säulen ein mehrdimensionales Ringdiagramme mit verschiedenen Kreisabschnitten.

Das Ergebnis sind verspielt anmutende Charts, die jedoch interessanter, einzigartiger und merkbarer wirken. Die Idee dahinter, Diagramme anders als gewohnt darzustellen. Das fällt auf und bleibt besser im Gedächtnis.

18 | Die spacige Cockpit-Darstellungen wirkt zukunftsorientiert. Links auf schwarzem Grund und rechts in einem Raumschiffcockpit als Headup-Display. Auf jeden Fall prägt sich die Darstellung sehr gut ein.

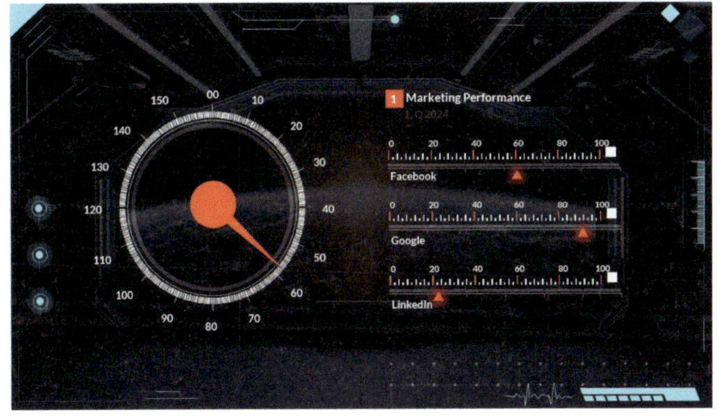

19 | Diagramme auf den Folien wirken interessanter durch alternative Darstellung, wie Piktogramme, Strichebalken, Ringdiagramme, Farbverläufe

20 | Diagramme im handgezeichneten Stil lockern auf und lassen Zahlen lockerer wirken

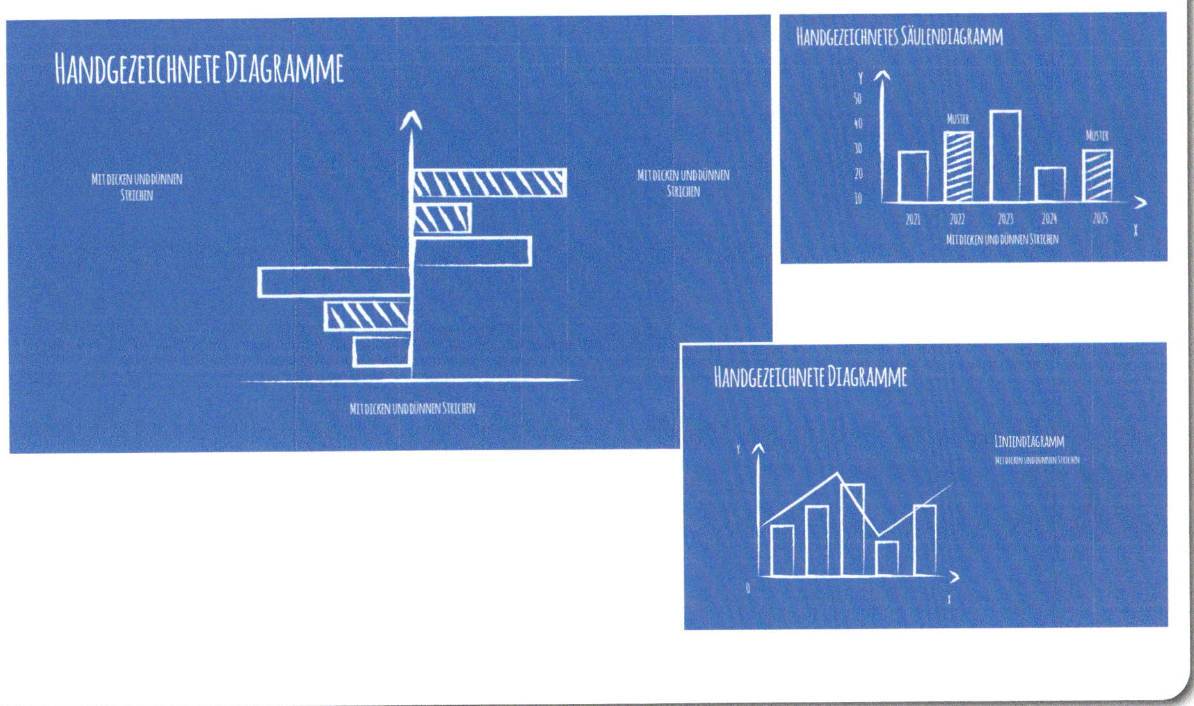

4.3 Fazit

Trockene Themen wie Zahlen lassen sich auf spielerische und unterhaltsame Art interessanter und wirkungsvoller darstellen. Insbesondere bleiben Zahlen besser im Gedächtnis und die Aufmerksamkeit der Zuschauer steigt.

Beachten sollte man, dass die gamifizierten Varianten nicht für jeden Kontext passen. So ist es wahrscheinlich keine gute Idee, in einer Präsentation über Abbau von Mitarbeitern Zahlen in gamifizierter Darstellung zu visualisieren. Dagegen bietet sich im Vertrieb, Marketing oder Training deutlich sinnvollere Einsatzmöglichkeiten.

Ein riesiger Ideenpool an spielerischen Möglichkeiten

238 Millionen Mal wurde das Computerspiel Minecraft weltweit verkauft und führt damit die Rangliste der bestverkauften Spiele in 2022 an.

Minecraft ist ein sehr erfolgreiches Spiel, weil es sehr vielseitig ist und für viele verschiedene Zielgruppen interessant ist. Es gibt viele Möglichkeiten, wie man Minecraft spielen kann, von der Erkundung der Welt und dem Sammeln von Ressourcen bis hin zum Bau von Strukturen und der Zusammenarbeit mit anderen Spielern in Multiplayer-Spielen. Auch die Tatsache, dass das Spiel auf vielen verschiedenen Plattformen verfügbar ist, hat zum Erfolg von Minecraft beigetragen. Es gibt auch regelmäßig neue Inhalte und Funktionen, die von der Entwicklergemeinschaft hinzugefügt werden, was das Spiel frisch und interessant hält.

Was alle Minecraft-Varianten eint, ist die Spielanmutung und die Funktionalität. Tatsächlich lässt sich das Design auch auf Präsentationen übertragen. Dort bezeichnet man es als Voxel Design.

Wie schon mehrfach beschrieben, bieten Spiele ein unendliches Reservoir an Ideen. Und um die soll es hier gehen. Teilweise habe ich den Möglichkeiten nochmal eigene Kapitel gewidmet.

5.1 Spielmetaphorik

Redewendungen

(Vergleiche auch Leitworte im Trägerfrequenzmodell.) Text auf Folien und auch Redetext lässt sich metaphorisch ausgestalten. Hier ein paar Beispiele:

- »Er hat einen Trumpf im Ärmel« bedeutet, dass jemand ein geheimes Gadget oder einen Trick hat, um eine Situation zu seinem Vorteil zu nutzen.
- »Das ist ein Spiel auf Zeit« meint, etwas in einer begrenzten Zeit zu erreichen.
- »Das ist ein Katz- und Mausspiel«: Zwei Personen oder Gruppen jagen oder verfolgen einander, wobei eine Seite versucht, der anderen zu entkommen oder sie zu täuschen.
- »Das ist ein Pokerspiel«: Das Gegenüber verbirgt seine wahren Absichten oder Gedanken, um andere zu täuschen.
- »Das ist ein Ratespiel«: Herausfinden, was gemeint ist, indem man Hinweise sammelt und Schlussfolgerungen zieht.
- »Das ist ein Monopolyspiel« eine Vorherrschaft oder Kontrolle über eine Situation oder einen Markt zu erlangen.

Begriffe

Hier sind einige Begriffe, die aus dem Bereich Spiele stammen und sich gut in einer Präsentation visualisieren lassen:

- »Das Brett« oder »Spielbrett«
- »Die Züge«
- »Die Regeln«
- »Der Gewinner« beziehungsweise »Der Verlierer«
- »Das Ziel« oder »Die Ziellinie«
- »Die Taktik« = geplante Herangehensweise
- »Die Strategie« = langfristiger Plan
- »Der Vorteil«
- »Das Unentschieden«

Bilder

Hier sind einige Beispiele von Spielen, die sich gut auf Präsentationen übertragen lassen:

- Bilder von einem Schachbrett, wenn man über strategisches Denken oder langfristige Planung sprechen möchte;
- Schachfiguren bei strategischem Denken oder der Planung von Schritten;
- ein Go-Brett bei strategischem Denken oder die Fähigkeit, komplexe Probleme zu lösen;
- ein Backgammon-Spielbrett bei strategischer Planung oder Wettbewerb;
- ein Monopoly-Spielbrett bei Kontrolle von Ressourcen oder den Wettbewerb;
- ein Kartenspiel bei Anpassung oder Meistern unerwarteter Entwicklungen;
- ein Scharaden-Spiel beim Sammeln von Hinweisen und Lösen von Rätseln;
- ein Glücksrad oder Würfel bei Risiko und Zufall;
- Dominosteine bei Auswirkungen von Entscheidungen oder Aktionen;
- ein Scrabble-Brett bei Wichtigkeit von Kommunikation oder beim Finden von Lösungen;
- ein Sudoku-Rätsel bei logischem Denken;
- Mah-Jongg-Steine bei Mustererkennung;
- ein Billardtisch bei Auswirkungen von Entscheidungen oder Aktionen;
- oder Bowling bei Risiken oder Zielen.

5.2 Spielmechanismen

Hier sind einige Beispiele für Spielmechanismen, die sich gut auf Präsentationen übertragen lassen:

- »Das Sammeln von Punkten« – Fortschritt oder den Erfolg einer Person oder eines Teams zu veranschaulichen.
- »Das Erreichen von Leveln« bei Fortschritt oder das Wachstum einer Person oder eines Teams.

- »Das Erfüllen von Zielen oder Quests« bei Erreichung von Meilensteinen oder kurzfristigen Zielen.
- »Das Einsetzen von Ressourcen« bei Verteilung und Nutzung von Ressourcen.
- »Das Erreichen von Highscores« bei Erfolg oder die Leistung einer Person oder eines Teams.
- »Das Sammeln von Sammelkarten« – Akkumulation von Wissen oder Erfahrung.
- »Das Erfüllen von Sammelaufgaben« – Fortschritt oder das Erreichen von Zielen.
- »Das Erreichen von Trophäen oder Erfolgen« – Erfolg oder die Leistung einer Person oder eines Teams.
- »Das Verwenden von Power-ups oder Bonusgegenständen« – Nutzung von zusätzlichen Ressourcen oder das Aufzeigen von Vorteilen.
- »Das Einhalten von Regeln« – Die Notwendigkeit von Vorgaben oder Grenzen.
- »Das Erschließen von neuen Bereichen (zum Beispiel Räume in einem Haus, Länder auf der Erde oder eines fiktiven Kontinentes, Planeten und so weiter) oder Inhalten« kann verwendet werden, um den Fortschritt oder das Wachstum einer Person oder eines Teams zu veranschaulichen. Etwa durch das Erreichen von neuen Räumen, Ebenen oder Stufen. Es lässt sich auch für neue Entwicklungs- und Wissensstufen nutzen.

5.3 Spielanmutungen

Eine Idee ist es, die Anmutung eines Spieles in die Präsentation zu übertragen. Dazu schaut man sich an, wie das Spiel visuell gestaltet ist, zum Beispiel Zeichenstil, computergenerierter Stil, Realstil etwa bei Brettspielen.

Der Zeichenstil lässt sich mit Microsoft PowerPoint oder anderen grafischen Programmen relativ einfach erstellen, indem man ein Foto, eine Grafik (am besten eine Vektorgrafik), ein Diagramm oder Ähnliches nimmt und diese in einen bestimmten Zeichenstil wandelt. Programme dafür sind zum Beispiel Photodirector oder Photocartoon. Man sollte dabei darauf achten, dass die

Grafiken flexibel gehalten werden und anschließend noch im Präsentationsprogramm angepasst werden können.

Nehmen wir mal an, ein Diagramm soll gezeichnet dargestellt werden, dann sollten die einzelnen Elemente, wie Säulen, Texte und so weiter noch farblich angepasst und geänderte Datenwerte ausgetauscht werden können.

Die Cartoon-Look Anmutung lässt sich bei Themen nutzen, die lockerer rübergebracht werden sollen. Zum Beispiel: Digitale Transformation, Technologien generell, Technologienutzung, Marketingkampagnen im Social Media, oder Vertriebskampagnen. Der Zuschauer soll das Gefühl haben, das Thema ist wichtig, darf aber auch Spaß machen.

22 | Folien im Illustrationsstil

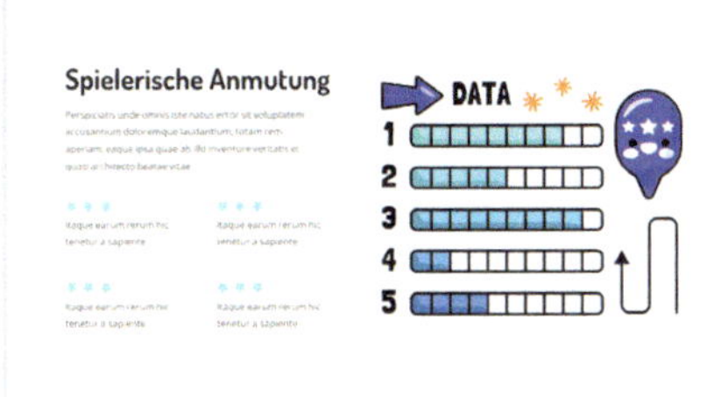

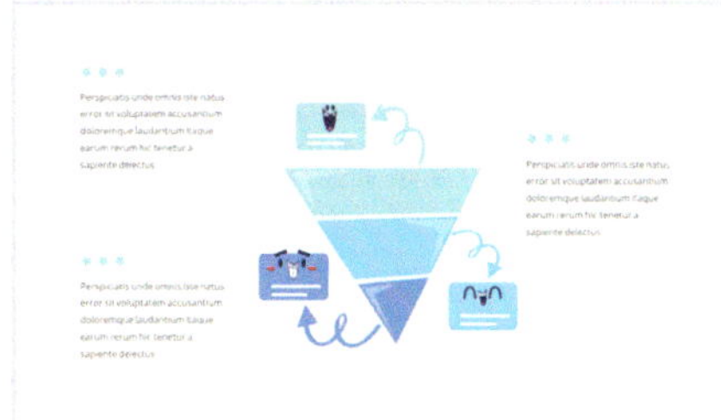

Der Anime- beziehungsweise Mangastil eignet sich dann, wenn ein Thema erklärt, Zusammenhänge aufgezeigt oder Abläufe erläutert werden sollen. Zudem gibt es im asiatischen Raum eine besondere Nähe zu dieser Art der Darstellung und kann die Zuschauer emotional besonders ansprechen. Im Bereich Bildung und Wissenschaft kann die Darstellung auflockernd wirken.

Die Comic-Illustration-Mix-Darstellung lockert Folien auf und macht sie unterhaltsamer. Die ein oder andere Grafik erzeugt ein Schmunzeln und hilft, den Zugang zu komplizierteren Themen zu erleichtern.

23 | Folie im Anime- oder Mangastil

24 | Folien im Comicstil

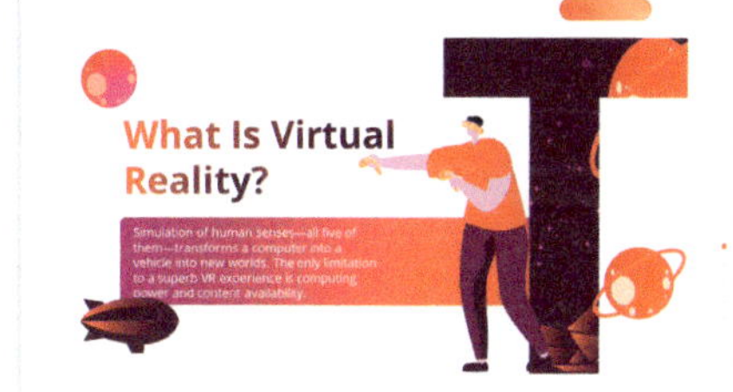

25 | Folien im Science-Fiction- oder Weltraumlook

Folien im Sci-Fi- oder Weltraumlook erzeugen beim Zuschauer das Gefühl von Zukunft. Auf der Bildebene wird transportiert, wir starten in die Zukunft, wissen noch nicht genau, was auf uns zukommt. Wir haben einen Plan, eine Strategie, eine Vision, … die uns leitet und antreibt.

Das TV-Quiz-Format eignet sich besonders für folgende Themen: Unternehmensgeschichte und -philosophie, Branchenkenntnisse und -trends, Produkte und Dienstleistungen des Unternehmens, Marketing und Verkauf, Projektmanagement und Prozessoptimierung, Recht und Compliance, IT-Sicherheit und viele mehr.

Es kann als interaktiver Teil in Schulungen, Meetings, Konferenzen und anderen Geschäftsevents verwendet werden, um das Publikum aktiv zu beteiligen und ihr Wissen zu schärfen.

26 | Folien im TV-Quiz-Format

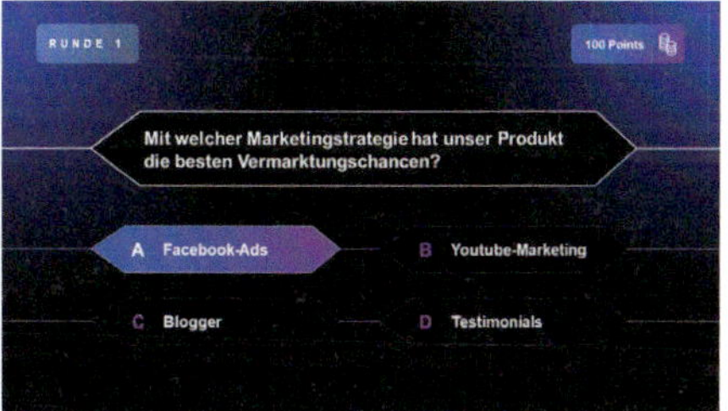

Die Figur des Helden kann sich bei einer Vielzahl von Business-Themen anbieten, da sie oft als Symbol für Mut, Entschlossenheit und den Willen zum Erfolg verwendet wird. Einige Beispiele für Themen, bei denen die Figur des Helden sich besonders gut eignet, sind: Führung und Teamwork, Veränderungsmanagement und Unternehmensumstrukturierung, Projektmanagement und Prozessoptimierung, Risikomanagement und Krisenbewältigung, Unternehmertum und Innovation, Marketing und Verkauf, Produktentwicklung und Produkteinführung, Internationales Geschäft und Marktdurchdringung, Strategieentwicklung und -umsetzung und viele mehr.

Es kann helfen, die Zuhörer zu inspirieren und zu motivieren, indem es ihnen eine lebhafte Vorstellung von den Herausforderungen und Möglichkeiten vermittelt, die in ihrem eigenen Berufsfeld zu finden sind und sie dazu animiert, ihre eigenen Fähigkeiten und Potenziale zu entfalten.

27 | Poppiger Heldenstil

5.4 Spielelemente

Neben der Spieleanmutung spielen Spielelemente eine große Rolle. Dazu gehören die folgenden Kategorien, auf die wir immer wieder in den Kapiteln stoßen werden.

Symbole, Icons und Piktogramme

- Buttons mit dem typischen Spielelook,
- Statussymbole etwa Herzschlag, gestrichelter Ladebalken und so weiter.

Scores

- Zähler – etwa animierte hochzählende Zahlen et cetera,
- Balken – etwa Ladenbalken, Ressourcenstatus, ...

Auszeichnungen

- Pokal , etwa ein Gewinnerpokal wie beim Sport.
- Trophäen sind größer und auffälliger als Medaillen oder Plaketten und können zum Beispiel auch ein goldenes Raumschiff, eine goldene Lanze, ein Lorbeerkranz oder Ähnliches sein.
- Medaillen wirken hochwertig, etwa wie bei Olympia;
- Plaketten sind ähnlich wie Medaillen, aber in der Regel kleiner und aus einem anderen Material hergestellt. Ihre Nutzung wird etwa als Anerkennung für besondere Leistungen oder als Erinnerungsstücke verwendet.
- Ehrentafeln und Schriftstücke sind etwas zur Würdigung von Personen oder Gruppen. Sie können auf Papier oder auf einer Tafel angefertigt werden und enthalten oft die Namen der Empfänger sowie eine kurze Beschreibung ihrer Leistungen.
- Preise und Preisgelder werden oft in Wettbewerben oder Turnieren verwendet und sind in der Regel monetär oder materiell.
- Kokarde – ein rundes Hoheitsabzeichen.

Ressourcen und Enabler

- Gold oder Geld in Formen von Münzen, Geldscheinen, Barren, Nuggets, Schatzkisten und so weiter.
- Nahrung und Holz in Aufbauspielen, die zur Versorgung und Entwicklung einer Stadt oder eines Dorfes benötigt werden.

- Energie oder Aktionspunkte in Rollenspielen, die für die Ausführung von Aktionen oder die Nutzung von Fähigkeiten erforderlich sind.
- Erfahrungspunkte in Rollenspielen, die verwendet werden, um die Fähigkeiten und Fertigkeiten eines Charakters zu verbessern.

Effekte

Im Prinzip sind damit visuelle und auditive Effekte gemeint. Dazu gehören zum Beispiel:

- Lichteffekte, Schatten, Partikel, Rauch, Feuer, Explosionen, Regen, Nebel, Wellenbewegungen wie Wasser, Reflexionen, Bewegungsunschärfen, Tiefenschärfe, Verformungen, ...
- Hintergrundmusik, Umgebungsgeräusche, Charakterstimmen, Geräusche von Gegenständen, Sprachfetzen, ...

28 | Heldin mit Superwaffen und Rüstung

Beispiel: Waffen oder Rüstungen aus Spielen

Diese können in Präsentationen verwendet werden, um die Fähigkeit oder Stärke einer Person oder eines Teams zu veranschaulichen. Sie symbolisieren auch bestimmte Eigenschaften oder Merkmale von Personen. Zum Beispiel könnte man eine mächtige Waffe, beispielsweise ein Laserschwert oder eine Rüstung verwenden, um die Stärke oder Entschlossenheit einer Person zu veranschaulichen. Oder das Zweifach-Schutzschild, was beim Cyberangriffe nicht nur gegen Hacker, sondern auch bei der Datenintegrität hilft.

Beispiel: Schätze oder Schatzkisten

Diese Objekte können verwendet werden, um die Wertigkeit oder den Nutzen von Ressourcen oder Informationen zu veranschaulichen. Sie können auch verwendet werden, um die Motivation oder den Einsatz einer Person oder eines Teams darzustellen, indem man das Erreichen von Belohnungen oder Boni symbolisiert.

29 | Schatzkiste
zum Aufbau von Motivation (oben)
oder mit Belohnung (unten)

Beispiel: Power-ups oder Bonusgegenstände

Diese Gegenstände können verwendet werden, um die Nutzung von zusätzlichen Ressourcen oder Vorteilen zu veranschaulichen wie etwa:

- Ein extra Leben – Notwendigkeit von Resilienz oder Wiederaufbau in schwierigen Situationen.
- Der Heilungstrank für Reparatur oder Wiederherstellung, beispielsweise von Maschinen, Anlagen, Strukturen, Gebäuden oder für Menschen in schwierigen Situationen, zum Beispiel in Form von psychologischer Hilfe oder medizinischer Versorgung.

5.5 Spielfiguren und Promotoren

In vielen Rollenspielen kommen Charaktere vor. Diese lassen sich auch gut in Präsentationen integrieren. So kann man zum Beispiel einen Dialog in der Präsentation ablaufen lassen, eine Sympathiefigur mitlaufen lassen, einen Charakter für etwas stehen lassen etwa Mut, Vertrauen und so weiter.

Charaktere oder Avatare

Diese können verwendet werden, um bestimmte Personen oder Rollen zu symbolisieren und Eigenschaften oder Merkmale von Personen oder Teams zu veranschaulichen. Man bezieht sich dabei auf die Attribute oder Fähigkeiten. Zum Beispiel besonders mutig oder entschlossen, wie etwa Superman, James Bond, ... Oder besonders klug, um Probleme zu lösen oder Herausforderungen zu meistern.

30 | Heldin, die abhebt

Zauber oder Fähigkeiten

- Telekinese – Probleme auf kreative oder innovative Weise lösen.
- Unsichtbarkeit – sich anpassen oder in schwierigen Situationen verstecken.
- Feuerball – Probleme effektiv lösen.
- Fliegen – sich auf neue Perspektiven oder Ideen einlassen.
- Zeitreisen – aus der Vergangenheit lernen und dieses Wissen in der Gegenwart anwenden.

Subjektivertes Objekt

Eine spannende Technik sind personifizierte Gegenstände und Objekte, die man zum Leben erweckt. Das Objekt wird zum Subjekt. Ein Haus hat ein Gesicht, ein Auto spricht, ein Paar Schuhe läuft alleine, ein Sandwich murmelt, eine Flasche hüpft wie ein Kind, ein Raumschiff hat ein Gesicht.

Ein Beispiel: Ein etwas abgedrehter Dialog, der aber garantiert für Aufsehen sorgt und in Erinnerung bleiben wird. Es gut um einen Referenten, der monatlich die gleichen Zahlen präsentieren muss.

Referent: *»Hallo zusammen, uns begleitet heute das Sandwich Joey. Hallo Joey, wie geht's?«*
Sandwich (Die Stimme ist auf der Folie hinterlegt und der Referent startet das Audio mit einem Klick): *»Gut, bis auf die Tatsache, dass sich alle die Finger nach mir lecken.«*
Referent: *»Kannst du heute helfen bei den Zahlen, was ist dir aufgefallen?«*
Sandwich: *»Klar, helfe ich. Ich mache mich mal frei.«* – Das Sandwich teilt sich und man sieht die Käsescheibe auf der die ersten Zahlen erscheinen.
Referent: *»Okay, liebe Kollegen, ihr seht hier, wie sich die Kundenzahlen letzten Monat entwickelt haben.«*
Sandwich: *»Soll ich noch mehr Hüllen fallen lassen?«* Schwups, die Käsescheibe wandert zur Seite und man sieht das Salatblatt, auf ihm erscheinen die nächsten Zahlen. ...

5.6 Interaktive Elemente

Spielen ohne Interaktion ist kein Spiel. Ganz im Gegensatz zu Präsentationen. Viele Präsentationen sind Monologe, daher helfen Interaktionen, um das Publikum einzubinden. Wir können bei Präsentationen prinzipiell zwischen folgenden Interaktionsarten unterscheiden:

Smartphone-basierte Interaktionen

Bei dieser Art interagieren die Zuschauer mit dem Referenten über das Smartphone. Zum Beispiel stellt der Referent eine Frage und die Zuschauer antworten per Smartphone. Das Ergebnis wird dann auf der Leinwand oder dem Monitor (bei Online-Präsentationen) dargestellt.

Bei dieser Art von Interaktionen können wir noch unterscheiden zwischen PowerPoint-integrierten Tools, wie etwa PollEverywhere und Stand-Alone-Tools wie Mentimeter oder Kahoot.

Präsentationsgestützte Interaktionen

Im Gegensatz dazu gibt es die präsentationsgestützten Interaktionen. Hier wird zum Beispiel auf der Präsentationsfolie eine Information, eine Aufgabe oder eine Handlungsaufforderung dargestellt und die Zuschauer agieren darauf mit ihrem Körper (Hände, Stimme, Arme, Beine, ...) oder mit Gegenständen (Papier, Ball, ...). Das können Quizspiele mit Fragen und Antworten wie »Wer wird Millionär«, »Jeopardy«, »Dalli Klick« oder Bilderrätsel und Ähnliches sein. Das funktioniert sehr gut, wenn man die Teilnehmer oder Zuschauer in Gruppen einteilt und so einen Wettbewerb herstellt. Am besten ist es, wenn man noch eine Prämie oder ein Geschenk ausloben kann.

Technikfreie Interaktionen

Hierzu braucht es die Präsentation nicht mehr und der Referent steuert die Interaktion nur über seine Sprache. Schätz- oder Wissensabfragen sind dafür ein beliebtes Beispiel: »Wer von Ihnen hat heute Kaffee zum Frühstück getrunken? Bitte mal die Hand heben.« Oder »Wie viel Kilometer sind zwischen der Erde und dem Mars? Wer denkt, dass es mehr als zehn Millionen Kilometer sind, bleibt bitte stehen. Wer glaubt, dass es mehr als fünfzig Millionen Kilometer sind, bleibt auch stehen. Die, die jetzt noch stehen, haben Recht. Es sind etwa sechsundfünfzig Millionen Kilometer.«

5.7 Simulationen

Im Spielebereich gibt es die Spielgattung Simulationen. Der Flugsimulator gehört mit Sicherheit zu den Bekanntesten Simulatoren. Die Idee der Simulation lässt sich auf Präsentationen auf verschiedene Weisen übertragen.

Beispiel 1: Simulation einer Live-Schalte

Für eine Konferenz brauchte ich ein Interview mit einem Experten. Der Experte war zur Zeit der Konferenz nicht erreichbar. Wir zeichneten daher das Interview vorher auf. Im Videoeditor speicherte ich die Aufnahmen in kleine Videoclips, sodass immer nur mein Interviewpartner in den Videoclips sprach. Diese Clips habe ich dann jeweils auf eine Folie im PowerPoint eingebunden. Bei der Live-Vorführung habe ich den Interviewpartner angekündigt und dann jeweils live meine Fragen an ihn gestellt. Per Klick in der Präsentation kam seine Antwort auf der Folie. Interessanterweise: Keiner merkte etwas und ich dachte: »Wie cool ist das denn?«

Beispiel 2: Eine Live-Ticker-Simulation

Etwa einen Nachrichtenticker wie wir ihn von Newssendern wie NTV, CNN, SKYNEWS und anderen kennen. Dazu erstellt man eine sehr lange Textzeile, die die gesamte Tickerinfo einzeilig enthält. Die Textbox geht natürlich weit über die Folie hinaus. Dann wird diese mithilfe einer Pfadanimation animiert und lässt sie sehr langsam durch die Folie laufen.

5.8 Echtzeitaktionen

Alternativ zu einer Simulation können auch Echtzeitdaten als Live-Action eingeblendet werden. Gerade bei Multi-Player-Spielen ist Echtzeit eine wichtige Komponente: das Abstimmen im Team, das Einblenden von Echtzeitdaten, der Chat und vieles mehr. Das Prinzip der Echtzeit lässt sich auch auf Präsentationen übertragen.

Beispiel 1:

Wetter, Aktien, Schuldenuhr, ... in Echtzeit auf der Folie einblenden. Damit das funktioniert, braucht man Add-ins. In PowerPoint zum Beispiel das kostenfreie Webviewer Add-in. Man geht dazu auf den Hauptmenüpunkt Einfügen – Add-ins abrufen und sucht dort nach Webviewer. Im Webviewer gibt man die URL der entsprechenden Website ein und schon hat man Live-Daten.

Beispiel 2:

Umsatzzahlen, Verkäufe et cetera in Echtzeit auf der Folie darstellen. Die Zahlen müssen in einer Excel-Tabelle vorliegen. Die Tabelle kann auch während der Präsentation geändert werden.

In PowerPoint stellt man eine Verknüpfung zur Excel-Tabelle her und sieht dann die Zahlen. Der einfachste Weg: In der Excel-Tabelle die Zellen markieren, kopieren und dann auf PowerPoint-Folie STRG-ALT-V drücken und »Verknüpfung einfügen« auswählen.

Beispiel 3:

KI generierte Inhalte live in die Präsentation einbauen. Dazu werden entsprechende KI-Tools, wie etwa Nightcafé zur Bildgenerierung genutzt. Mithilfe des Webviewer Add-in, sieht man live, wie das Bild Stück für Stück in der Präsentation entsteht.

5.9 Zusammenfassung

Du hast gesehen, es gibt eine große Fülle an gamifizierten Möglichkeiten bei Präsentationen. Es reicht von Spielmetaphorik, Spielmechanismen, Spielanmutungen, Spielelementen, Spielfiguren, interaktiven Elementen, Simulationen bis hin zu Echtzeitaktionen. An dieser Stelle möchte ich dich ermutigen, einfach mal das eine oder andere auszuprobieren. Teste aus, wie die Reaktionen der Zuschauer sind. In den folgenden Kapiteln werde ich einzelne Bereiche vertiefen, etwa Spielanmutungen, Interaktionen oder Special Effects.

Humor – Der Klassiker spielerischen Unterhaltens

Humor kann in Präsentationen eine Reihe von Vorteilen haben, insbesondere wenn er sorgfältig eingesetzt wird. Witzige Anekdoten oder Gags können dafür sorgen, dass die Zuhörer aufmerksamer zuhören und sich besser an die Inhalte erinnern.

Wenn die Zuhörer lachen und sich amüsieren, wird die Präsentation als angenehmer und unterhaltsamer empfunden. Die Präsentation wirkt nachhaltiger. Denn, wenn die Zuhörer sich an witzige Elemente erinnern, ist es wahrscheinlicher, dass sie sich auch an die wichtigen Inhalte erinnern. Und Humor schafft auch eine Verbindung zwischen Referenten und Zuschauer. Witzige Beispiele oder Anekdoten, die die Zuhörer mit ihrem eigenen Leben in Verbindung bringen, führen dazu, dass sie sich in der Präsentation wiedererkennen und sich damit verbunden fühlen.

Mit Humor kann die Präsentation authentischer wirken. Wenn der Präsentierende seinen eigenen Humor einsetzt oder sich selbst auf die Schippe nimmt und nicht versucht, einen gekünstelten oder aufgesetzten Witz zu erzwingen, macht das die Präsentation authentischer und glaubwürdiger.

Es ist jedoch wichtig zu beachten, dass der Einsatz von Humor in Präsentationen auch Risiken birgt. Es ist möglich, dass ein Witz nicht gut ankommt oder sogar missverstanden wird. Daher sollte man immer darauf achten, dass der Humor zum Thema und zur Zielgruppe der Präsentation passt und niemanden verletzt oder beleidigt. Gerade wenn man Witze auf Kosten anderer macht, ist der Punkt schnell erreicht.

6.1 Humortypen – Vom Witzeerzähler bis zum humorvollen Philosoph

Vielleicht ist dir schon mal aufgefallen, jemand erzählt einen Witz und nicht alle lachen. Wenn du selbst lachst, fällt es dir am wenigsten auf, denn du bist emotional voll dabei und kannst in dem Moment auch schlecht verstehen, warum jemand anderes darüber nicht lacht. Das kann viele Gründe haben, zum Beispiel jemand versteht den Hintergrund oder die sprachliche Komponente des Witzes nicht. Humor hängt also viel von dir als Person und deinem kulturellen Umfeld ab.

Wir schmunzeln und lachen über unterschiedliche Witze, Gags, humorvolle Geschichten oder Bildwitze. Die Humorforscher gehen der Sache auf den Grund und identifizieren verschiedene Humortypen.

Eva Ullmann, eine Humortrainerin und Kollegin, die das Deutsche Institut für Humor in Leipzig gegründet hat, arbeitet zum Beispiel mit einem Modell, das zwischen sozialem und aggressivem Humor unterscheidet. Sie stützt sich dabei auf den amerikanischen Humorforscher Rod A. Martin. Und aus meiner Sicht ist dieses Modell auch sehr gut für Präsentationen geeignet.

Viele Komiker verwenden eine große Menge an aggressivem Humor, besonders im Kabarett, wenn sie sich über Gesetze und eine nicht funktionierende Politik lustig machen. Aggressiver und entwürdigender Humor schafft allerdings auch Distanz.

	Auf mich bezogen	Auf andere bezogen
Sozialer Humor	aufwertend	aufwertend
Aggressiver Humor	aufwertend	aufwertend

In der direkten Kommunikation mit Menschen gelten jedoch andere Regeln als in der Comedy-Rhetorik. Wenn ich mich in einer Abhängigkeits-, Beziehungs- oder Geschäftssituationen befinde, ist aggressiver Humor gefährlich, und stattdessen ist es besser, aufbauenden sozialen Humor zu verwenden, der Nähe schafft, entspannt und andere überzeugt. Sozialer Humor ist liebevoll. Wenn ich zum Beispiel an einem Fußgängerüberweg ein Schild sehe, auf dem steht: »Bitte drücken« und mich entschließe, meinen Nachbarn zu umarmen – das ist kein gefährlicher Humor (Interview Ullmann/Ehlers 2022: 111).

In Anlehnung an Rod A. Martin, ein emeritierter Professor aus Kanada, der das Buch »The Psychology of Humor« geschrieben hat, lassen sich acht Humortypen unterscheiden:

- Der Witzbold macht gerne Witze und versucht, andere zum Lachen zu bringen.
- Der Satiriker kritisiert mit Humor soziale und politische Missstände.
- Der Ironiker verwendet oft Ironie, um Dinge auf die Schippe zu nehmen.
- Der Scherzkeks mag es, Leute aufzuziehen und sie auf den Arm zu nehmen.
- Der Unterhalter verwendet Humor, um eine angenehme Atmosphäre zu schaffen und andere zu unterhalten.
- Der Pessimist verwendet Humor, um negative Gedanken und Gefühle zu verarbeiten.
- Der Realist verwendet Humor, um die Realität der Dinge zu akzeptieren und sie besser zu verstehen.
- Der Philosoph verwendet Humor, um tiefgründige Fragen zu erforschen und darüber nachzudenken.

Im ersten Schritt ist es wichtig zu verstehen, worüber ich selbst lache und worüber andere lachen. Die einen finden Slapstick Humor sehr lustig, etwa Laurel und Hardy, Jerry Lewis, Louis de Funes oder Rowan Atkinson. Die anderen delektieren sich an feinsinnigem, subtilem Sprachwitz à la Woody Allen.

6.2 Selbsteinschätzung – Welcher Humortyp bist du?

Um zu verstehen, worüber man selbst lacht, eignen sich im ersten Schritt Humortests. Das gibt eine grobe Einschätzung. Hier einige Beispiele:

Der Humororakel-Test

Ein visueller ansprechender Humortypen-Test. Man wählt unter anderem aus, über welchen Bildwitz oder Cartoon man lachen kann. Der Test dauert zwei bis drei Minuten und die Auswertung ist sofort am Bildschirm zu sehen (*www.humororakel.de*).

Das Humorquiz

Dieser Test besteht aus sechs Textfragen und ist ein Bewerbungstest, ob du dich als Comedian bewerben solltest. Dennoch gibt es am Ende eine Auswertung und zeigt dir an, welcher Humortyp du bist (*www.epff.de/humortest*).

Der Humortest für Schüler und Studenten

Es gibt zehn Fragen mit je fünf Antworten und am Ende erhältst du direkt die Auswertung. Die Auswertung ist kurz und knapp (*www.testedich.de/persoenlichkeitstests/eigenschaften/humor-witzig/quiz30/1323623856/was-fuer-einen-humor-hast-du*).

Der große Humortypen-Test

Dr. Petra Wüst bietet einen umfangreichen Humortest mit fünfzig Fragen an. Man bekommt eine grafische Auswertung, die genau zeigt, wie viel Prozent man vom Humortyp X besitzt. Außerdem gibt es wie bei den anderen Tests noch eine kurze Beschreibung (*wuest-consulting.ch/buecher/don%E2%80%99t-worry-be-funny.html*).

6.3 Humorvolle Präsentationen – Die Basics

Nach Eva Ullmann gibt es drei Grundlagen:

1. Angebote akzeptieren
2. Mut zum Risiko
3. Menschlichkeit und Empathie

Angebote akzeptieren heißt, bei Vorträgen und Präsentationen, Reaktionen aus dem Publikum aufzunehmen und humorvoll zu integrieren.

Beispiele

Ein Zuschauer fängt an einzuschlafen. Du greifst das auf und sagst: »Ich bin offensichtlich so faszinierend, dass ich sogar Ihre Schlafprobleme lösen kann!«

Oder ein Zuschauer ruft dazwischen: »Das ist ja wohl ein schlechter Witz« und du sagst: »Nun, ich denke, es ist immer noch besser als kein Witz!«

Oder ein anderer Zuschauer ruft: »Das haben wir noch nie so gemacht.« Und du konterst: »Warum wollte das Auto nicht fahren? Weil es Angst hatte, seinen Parkplatz zu verlassen.«

Oder ein Zuschauer gähnt laut. Und du fragst: »Kissen gefällig?«

Mut zum Risiko

Immer probieren und testen, wie Humor beim Zuschauer ankommt. Aus meiner Praxis kann ich sagen, dass nur einer von zehn Gags funktioniert. Von zehn Geschichten nur eine funktioniert und von zehn Präsentation nur eine wirklich durchgehend unterhaltsam ist.

Ich sammle von Vortrag zu Vortrag, welche humorvollen Dinge funktionieren und lasse sie im nächsten Vortrag drin. Nicht Funktionierendes werfe ich über Bord und probiere dafür wieder etwas Neues aus. Im Laufe der Zeit entsteht eine Präsentation, die durchgehend unterhaltsam ist.

Wenn ich einen neuen Vortrag übe, dann teste ich einzelne Elemente im Familien- und Freundeskreis oder bei meinen Mitarbeitern aus und bekomme so ein erstes Gefühl, was funktioniert. Meine Botschaft lautet daher: Habe den Mut und experimentiere erst mal im geschützten privaten Umfeld.

Empathie

Empathie ist die Fähigkeit, die Gefühle und Perspektiven anderer Menschen zu verstehen und zu teilen. Einfühlungsvermögen kann helfen, Beziehungen aufzubauen und Konflikte zu lösen, indem man versteht, warum jemand handelt, wie er es tut. Humor ist die Fähigkeit, lustige oder amüsante Dinge zu erkennen und zu schätzen. Es kann helfen, Spannungen zu lösen und die Stimmung aufzuhellen. Einige Studien haben gezeigt, dass Menschen mit einem starken Sinn für Humor tendenziell empathischer sind, da sie in der Lage sind, die Perspektive anderer leicht zu verstehen und zu schätzen. Gerade im Business und in der Weiterbildung ist es wirksamer, wenn Humor wertschätzend und wohlwollend ist.

Wohlwollend ist zum Beispiel Selbstironie, wenn jemand über seine eigenen Schwächen oder Fehler scherzt. Situationskomik, wenn unerwartete oder absurde Dinge passieren. Wortspiele oder Witze auf Kosten von Dingen, die niemandem schaden.

Zu wertschätzendem Humor gehören etwa Komplimente und Stärken von Menschen. Man muss dazu genau hinschauen und erkennen können (Empathie). Beispielsweise im Vortrag sind alle pünktlich an ihrem Platz. Du sagst: »Wow, Sie sind ja wie die Schweizer Bahn – pünktlich auf die Minute genau!« Ist das Ganze wertschätzend formuliert, fühlt sich der Zuschauer geschmeichelt und freut sich, dass der Referent etwas erkannt hat, was eine Stärke ist. Stärken oder Komplimente kann man auch übertreiben und trotzdem wohlwollend bleiben.

»Liebe Teilnehmer, ihr seid der Ober-Hammer, ihr seid pünktlicher als pünktlich. Mein Zeitmesser hat gerade gejubelt.« Ehrlich gemeint kann diese schöne Übertreibung gut ankommen und die Stimmung sofort auflockern. Wenn wir wollen, dass unsere Präsentation gut ankommt, spielt die Art und Weise, *wie* wir etwas sagen, eine große Rolle. Ein humorvolles Angebot kann gut ankommen, aber es muss in einem respektvollen und empathischen Ton vorgetragen werden, damit es nicht falsch aufgefasst wird.

Wir haben jetzt über Geschäftsleben, Bildungsbereich oder private Beziehungen gesprochen. Die andere Seite der Medaille ist, dass es einige Comedians gibt, die sich auf Kosten anderer lustig machen.

»Mache einen der Teilnehmer zum Idioten und alle lachen darüber« – habe ich mal von einem Comedian gehört.

So habe ich vor Kurzem die Show eines Comedians vor zehntausend Zuschauern erlebt. An einer Stelle ging eine Person im Gang lang und wollte zu seinem Platz. Das griff der Comedian auf und sagte »Schaut mal, da ist der Pinkler. Der war gerade auf Toilette und will jetzt schnell wieder zu seinem Platz. Mal das Spotlicht auf ihn.« Alles lachte. Er quälte sich dann durch die Reihen zu seinem Sitzplatz und der Comedian legte noch eins nach »Achtung: Hoffentlich hat er sich die Hände gewaschen. Da kann man nie so sicher sein.« Wieder lachte alles. Die Kameras fingen ihn groß auf der Leinwand ein und er war peinlich berührt und wollte am liebsten unter den Stuhl kriechen. Als Zuschauer hatte man schon fast Mitleid mit ihm und musste dennoch weiterlachen.

Das war Humor der abwertenden Art. Es bleibt eine Frage des guten Geschmacks, ob ein Comedian sich auf Kosten eines Zuschauers in der Form lustig machen darf.

Im privaten oder geschäftlichen Bereich kann so etwas sehr schnell eskalieren und nachhaltig für Missstimmungen führen.

6.4 Ich bin nicht lustig, was soll ich machen?

Es ist vollkommen in Ordnung, wenn man nicht immer lustig sein möchte oder kann. Humor ist eine subjektive Sache und nicht jeder hat den gleichen Humor. Man sollte sich auch klarmachen, dass es viele andere Eigenschaften gibt, die eine Person interessant und angenehm machen, abgesehen von Humor.

Wenn du dennoch den Wunsch hast, deinen Humor zu verbessern, gibt es einige Möglichkeiten, die du ausprobieren kannst: Lies Witze- oder Comedy-Bücher. Ich nutze Witze und Gags als Blaupause und leite daraus eine humorvolle Einlage ab. Beispielsweise gibt es von Loriot den Satz »Ein Leben ohne Mops ist sinnlos, aber möglich«, ich habe daraus gemacht »Ein Leben ohne PowerPoint ist sinnlos, aber möglich«. Das sorgt zumindest bei einigen Teilnehmern für Lacher oder zumindest Schmunzeln. Es bleibt gut im Gedächtnis und verbindet sich mit mir.

Oder schau dir Comedy-Shows mal anders an. Lerne, wie Comedians ihre Gags aufbauen und lerne, wie sie sie präsentieren. Der beste Gagschreiber kann Gags nämlich noch lange nicht lustig präsentieren. Am besten ist es, wenn du die Show im Streaming-Format vorliegen hast, dann kannst du nämlich vor – und zurückspulen und bestimmte Stellen wiederholen. Achte auf Sprache, Stimme, Gestik und Pausen. In der Regel schaffen es Comedians innerhalb von einer Minute, die Zuschauer zum Lachen zu bringen. Es geht hier nicht darum, dass du Comedian werden sollst, du sollst sie studieren und verstehen, warum und wann das Publikum lacht. Analysiere zum Beispiel aufwertenden und abwertenden Humor.

Experimentiere mit verschiedenen Humortypen und welcher am besten zu dir passt. Ich habe mal an einem Training teilgenommen, bei dem es um Provokation im Training ging. Such dir einen Teilnehmer raus und zieh ihn durch den Kakao, stell ihn bloß. Der Rest der Teilnehmer lacht auf jeden Fall. Natürlich sollte das auf eine Art geschehen, die noch im Rahmen war. Allerdings entglitt das Ganze auch hin und wieder, sodass Teilnehmer richtig sauer waren. Ich testete das dann auch aus und provozierte einen Teilnehmer: »Wie hoch ist deine Einschlafquote bei Präsentationen?« Klar, dass er erst mal verdattert schaute, aber die anderen lachten. Tatsächlich scheiterte ich aber bei meinen Vorträgen damit. Zuschauer fanden die Art nicht wertschätzend genug und fühlten sich verletzt. Mir war dann klar, ich bin nicht der provokative Humortyp und habe mich dann mehr in Richtung sozialer Humor bewegt.

Versuche, Dinge aus einer anderen Perspektive zu betrachten und suche nach dem Absurden oder Komischen in alltäglichen Situationen. Wenn ich manchmal an Häu-

31 | Auch Humor. Ein Haus wird zum Gesicht, wenn du es mit dieser Pespektive sehen willst ...

sern vorbei gehe, denke ich, die sehen ja aus wie Gesichter. Abbildung 31 zeigt ein Haus. Siehst du die Augen, die Nase und den Mund? Und den Steg – oder die ausgestreckte Zunge? Genau darum geht es, Absurdes im Normalen finden. So ein Bild in einer Präsentation mit dem entsprechenden Kommentar erzeugt Schmunzeln und sorgt für gute Stimmung.

Noch ein Beispiel für Humor: Neulich habe ich mich mit einem »Intelligenzverstärker« fotografieren lassen. Man sieht die Antenne, die die Verbindung zum Internet herstellt. Vor den Augen links und rechts die beiden Verstärker, die zusätzliche Daten über die Augen einblenden. Noch ist so ein Intelligenzverstärker etwas groß, aber mit der Zeit wird er immer kleiner. Versprochen.

Und wo ist da der Humor? In der Auflösung: Es gibt doch keinen Intelligenzverstärker. Ich war nur beim Augenarzt und fand das so interessant, dass ich dachte, ich lasse mich mal fotografieren, wer weiß, wofür man das noch nutzen kann. Auf jeden Fall erzeugt ein hurmorvolles Bildrätsel im Vortrag Neugier und bei manchem auch einen Schmunzler, da die meisten nicht sofort erkennen, dass es ein medizinisches Gerät ist.

32 | Der Autor mit Intelligenzverstärker

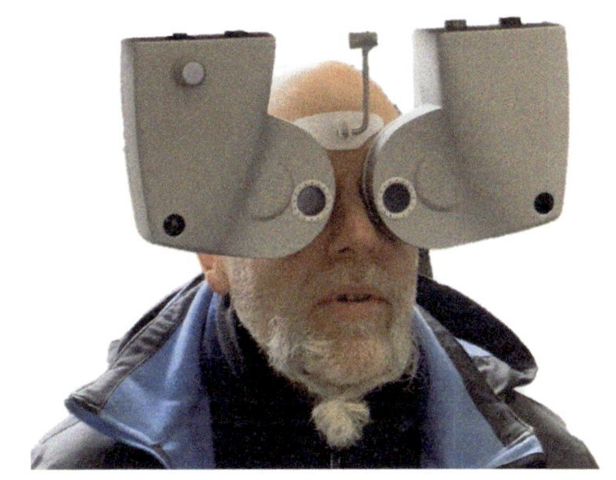

Oder mit verrückten Schildern Humor erzeugen. Die gehen immer, es ist nicht leicht, passende Humorvorlagen zu finden. Deshalb ist manchmal ein bisschen Schummelei oder Kreativität gefragt.

Im Prinzip sucht man sich ein Schild und ergänzt es. Entweder bevor man es fotografiert oder hinterher am Computer durch Bildbearbeitung in Photoshop oder direkt im Präsentationsprogramm.

33 | Foto von einem Schild

Man verändert das Bild und bekommt so eine lustige oder witzige Darstellung.

Buche einen Humorcoach, besuche Humortrainings, Comedykurse, Kabarettkurse, Kurse aus dem Improvisationstheater oder Schauspielkurse. Ich habe alles schon genutzt und es hat mich weitergebracht und macht vor allem Spaß. Hier finden sich einige Ideen:

- Eva Ullmann und Katrin Hansmeier (Beratung, Coaching, Training)
- Ingrid Rothfuss (Humortrainings)
- Gaston Florin (Schauspieltraining)
- Lutz Langhoff (Schauspieltraining)
- Michael Rossié (Rhetorik)
- Kabarettakademie (Kurse zu Kabarett, et cetera)
- Comedyinstitut (Workshops für angehende Kabarettisten und Comedians, vom Gagschreiben bis zum Auftritt)
- Hamburger Schule für Comedy (Ausbildung zum Comedian oder Kabarettisten)
- Comedyschule Mannheim (Kurse zu Comedy und Gags)

Lass dich nicht von Misserfolgen entmutigen. Humor ist etwas, das man üben muss, und es ist vollkommen normal, dass nicht jeder Gag funktioniert. Finde deinen Humor und bleib dran. Nicht jeder muss zum professionellen Witzeerzähler werden. Es reicht häufig schon ein subtiler Humor aus, um die Präsentation aufzulockern. Tatsächlich würdigen Zuschauer allein den Versuch, etwas unterhaltsamer zu präsentieren. Gerade wenn ich an Teilnehmer im Bereich Controlling und IT denke.

Ein Controller sagte mal zu mir, er muss immer Zahlen präsentieren, manchmal gute, aber meistens geht es um Kosten und das ist nicht lustig. Wir haben dann im Coaching einfach am Ein- und Ausstieg sowie an den Kapiteltrennern seiner Präsentation gearbeitet und dort unterhaltsame Elemente platziert. Die Teilnehmer, die aus mehreren Abteilungen, unter anderem aus dem Vertrieb kamen, waren sehr erleichtert und haben sich darüber gefreut. Er hatte den Mut und hat etwas ausprobiert. Und am Ende war er verwundert, dass das so gut ankam. Seitdem nutzt er immer wieder unterhaltsame

Elemente. Er sah es pragmatisch und meinte, eigentlich braucht es die Dinge nicht, aber er merkt, dass er damit besser ankommt und die Kollegen besser zuhören.

6.5 Wie erzeuge ich Humor?

Im Prinzip funktioniert Humor immer so, dass man mit dem Gewohnten bricht. Man verändert den Bezugsrahmen und so werden Dinge lustig. Bei den folgenden Beispielen wird das besonders deutlich (Mai 2022: 122). Hier wird der Bezugsrahmen drastisch verändert und führt zum Lacher:

Wissen Veganer eigentlich, dass sie in der Milchstraße leben?
(Veganer nehmen keine tierischen Produkte zu sich. Die Milchstraße hat eigentlich nichts mit tierischen Produkten zu tun. Aber Milch ist nun mal tierisch.)

Dingdong. »Guten Tag, wir sammeln fürs Kinderheim. Haben Sie etwas abzugeben?«
»Kevin, Justin – kommt mal her!«
(Hier ist die Erwartung des Zuschauers, dass man Geld, Geräte, Kleidung, Geschirr oder Ähnliches spendet. Das Unerwartete beziehungsweise der geänderte Bezugsrahmen sind dann die Jungs oder Männer, die abgegeben werden sollen.)

Zwei Informatiker telefonieren: »Wie ist bei dir das Wetter?« – »Capslock!« – »Häh?« – »Shift unendlich.«
(Capslock oder Hochstelltaste bedeutet, dass die Shift-Taste immer eingeschaltet ist. Also es regnet unendlich. Hier hat der Bezugsrahmen von Wetter auf Tastatur gewechselt.)

Schauen wir uns einige Humortechniken im Detail an:

Inkongruenz

Inkongruenzen beziehungsweise Gegensätze sind nicht immer lustig, etwa wenn gegensätzliche Einstellungen aufeinanderprallen. Wenn es um Humor geht, ist das jedoch eine gute Möglichkeit. Zudem bleibt es gut im Gedächtnis. Wir finden solche Gegensätze in Filmen, zum Beispiel in der Tragikkomödie »Ziemlich beste Freunde« – ein französischer Kinohit – hier trifft ein schwarzer Draufgänger-Typ aus einer sozial niedrigen Schicht auf einen weißen Rollstuhlfahrer der Oberschicht. Die Unterschiede sind so groß, dass es zwangsläufig zu vielen komischen Situationen aber auch Konflikten kommt.

Ein Klassiker des Humors sind auch die Unterschiede zwischen Mann und Frau. Vor Publikum funktionieren sie eigentlich immer:

Während der Geburt haben Frauen derartig starke Schmerzen, dass es ihnen beinahe möglich ist, nachzuempfinden, was Männer bei einer Erkältung durchstehen müssen.
Männer haben zwar die Hosen an, aber die Frauen sagen welche!
Frauen seid lieber schön als klug! – Männer können besser sehen als denken.

Hier noch andere Gegensätze

Was sagt ein großer Stift zum kleinen Stift? Wachsmalstift!
Ein Witz, mit dem man bei einem Finanzvortrag punkten könnte: »Wie macht man an der Börse ein kleines Vermögen? Indem man ein großes mitbringt!«
Sagt die eine Eintagsfliege zur anderen: »Das Geld, das du mir geliehen hast, das kriegst du morgen.«

Augenscheinliches

Häufig sind es Dinge, die direkt vor unseren Augen sind, die wir für Humor nutzen können, etwa der Raum, die Ausstattung, die Objekte, die Kleidung, die Personen, die Situation und vieles mehr. Es können kleine Dinge sein, wie der Designer-Kühlschrank, die selbst gebackenen Kekse, die komfortablen Chefsessel, das Tigerbild an der Wand im Meetingraum, ... Hier habe ich schon einiges sehen dürfen.

Zum Beispiel habe ich mal ein Seminar in einem Raum mit einer großen Glasfront gegeben. Das Spannende war der Blick: die Teilnehmer und ich konnten direkt auf einen großen Tradingfloor, in dem alles gehandelt wurde, von Aktien über Rohstoffe bis Währungen sehen.

Alles kann humorvoll in einer Präsentation verwendet werden. Bei den selbst gebackenen Keksen, sagte ich zu den Teilnehmern, dass ich doppelt so dick wäre, wenn ich jeden Tag so tolle Kekse bekommen würde. Alle lachten und stimmten mir zu.

Häufig passieren auch kleinere Unfälle oder es geht etwas daneben. So etwas ist ein willkommener Anlass, daraus einen Gag zu kreieren. Man geht von der These aus, dass das nicht unabsichtlich sondern mit voller Absicht passiert ist. Das soll so sein. Eine Zeit lang nutze ich bei meinen Präsentationstrainings sogenannte Koosh-Bälle, also sehr weiche Bälle, und die wurden von Teilnehmer zu Teilnehmer geworfen. Bis eines Tages ein Teilnehmer damit eine Wasserflasche traf und sie auslief. Mein Spruch war: »Lasst uns so weitermachen, dann sparen die Reinigungskräfte das Wischwasser.«

Ein wenig aufpassen muss man, wenn man in jeder Situation meint, einen Gag einzubauen. Beispiel: jemand kommt zu spät. Ich gab ein Seminar für Führungskräfte zum Thema Präsentieren und ein Teilnehmer kam dreißig Minuten später. Als er reinkam, sagte ich »Wir haben schon mal angefangen. Sie kennen ja die alte Weisheit: Wer zu spät kommt, den bestraft das Leben.« Es gab Lacher. Leider war es gar nicht komisch, denn dann sagte er mit trauriger Stimme »Ich hatte auf der Fahrt zum Seminar einen Autounfall und war froh, dass ich unverletzt bin. Mein Auto ist Schrott und in der Werkstatt.« Puh, Schweigen im Raum. Mir blieb die Spucke weg.

Bei einem Kollegen, der einen Vortrag hielt, klingelte plötzlich das Handy eines Zuschauers. Es war eine kleine Runde mit fünfzig Personen. Die Person ging ans Telefon und verließ danach sehr schnell den Raum. Der Redner ließ das nicht unkommentiert, da es ja den Vortrag störte. Beim Rausgehen der Person haute er noch einen Spruch raus – alle lachten. Die Person bekam den Anruf, dass der Vater gestorben war.

Selbstironie

Über sich selbst zu lachen, gehört mit zu den anspruchsvollsten Humorarten. Es ist viel leichter, über andere Witze und Gags zu machen als über sich selbst. Gerade im Unternehmen stellt man sich die Frage, kann ich mir das jetzt leisten oder gefährdet das meine Autorität? Ich denke, wenn man über sich selbst lachen kann, nimmt das sehr viel Druck weg und man zeigt, dass man menschlich ist. In jedem Leben passieren Missgeschicke und verrückte Situationen, doch mit Humor wird es leichter – nicht nur für einen selbst, auch für die anderen.

Wenn wir in die Welt der Comedians schauen, stellen wir fest, dass der Trend immer mehr dahingeht, mit den eigenen Geschichten rauszugehen und darüber Witze zu machen. Man spricht über eigene Erfahrungen und lustige Situationen in seinem Leben.

Beispielsweise Ceylan Bülent bringt viele Geschichten, die ihm passiert sind. Er nutzt noch eine weitere Technik, die des Klischees. Er nutzt Klischees über Türken. Das darf er, weil er selbst auch Türke ist. Er nimmt sich in dem Moment selbst auf die Schippe.

Um Selbstironie zu üben, sollte man bewusst darauf achten, was ist mir heute passiert, wann gab es Missgeschicke, was lief nicht so, wie es sollte? Wenn man es jetzt schafft, den Blick darauf zu verändern, eine andere Perspektive einzunehmen und den Bezugsrahmen verändert, wird es lustig.

Beispiel

Ich habe einen sehr agilen sportlichen Hund, mit dem ich Gassi gehe. Auch diesmal zog ich los. Er machte sein Geschäft und ich tütete es in eine Hundetüte ein. Da der nächste Mülleimer noch ein wenig entfernt war, dachte ich mir, ich hänge die Tüte einfach an einen Pfosten und nehme sie auf dem Rückweg mit. Ich ging zum Pfosten und wollte die Tüte anhängen, da merkte ich, dass mein rechter Schuh in etwas hingetreten war – es war schmierig, roch stark und meine Schuhsohle war komplett bedeckt. Der eine oder andere wird das kennen. Na klar, es war Hundekot. Bingo dachte ich, ich bin hier oberordentlich und andere scheren sich nicht drum. Für ein paar Sekunden war ich sauer und dann dachte ich mir: »Egal, das bringt Glück.« Genau so war es, der weitere Tag verlief sehr erfolgreich. Ich hatte die Perspektive geändert und das Missgeschick mit anderen Augen betrachtet.

Da wir gerade beim Thema Hund sind. Neulich lief ich wieder mit meinem Hund Gassi. Es war irre kalt draußen, also eindeutig Minusgrade. Er rannte vorweg ohne Leine und ich sah ihn kaum noch. Tja, und da sah ich, wie er auf einer Wiese mal musste. Die Herausforderung: Das Häufchen finden und eintüten. Bei Eistemperaturen frieren einem die Finger ab und auf der anderen Seite will man nicht ewig auf der Graswiese nach der Hinterlassenschaft suchen. Aber es war ja kalt und das half mir. Ich sah die dampfende Hinterlassenschaft und dachte »Hier ist die Kacke im wahrsten Sinne des Wortes am Dampfen«, grinste in mich hinein und sammelte den Haufen auf.

Am besten schreibt man solche Geschichten auf. So sammeln sich im Laufe der Zeit einige an. Will man das Thema Selbstironie oder Humor noch professioneller angehen, bietet sich ein Humortrainer an.

Klischees

Wir kennen diese Art von Humor aus unzähligen Witzen, wenn sich über bestimmte Gruppen von Menschen lustig gemacht wird, zum Beispiel die Ostfriesen, die Blondinen, die Schotten, die Ärzte, die Anwälte, die Programmierer oder auch über Männer und Frauen.

Aufgrund der Diskrimierungsdebatte sind solche Humortechniken nur sehr vorsichtig einzusetzen. Mir ist das selbst passiert, obwohl ich das eigentlich gar nicht beabsichtigt hatte. Ich habe eine Bild von zwei Polizisten auf Wasserbüffeln gezeigt. Das sah für uns Europäer sehr exotisch und humorvoll aus. Ich wollte anhand des Bildes den Zusammenhang zur menschlichen Merkfähigkeit herstellen. Meine Botschaft war: »Ungewöhnliche Motive bleiben besser im Gedächtnis«.

Tatsächlich patrouilliert die einzige Wasserbüffel-Reiterstaffel der Welt auf der sumpfigen Amazonas-Insel Marajo (Töpper 2017: 110). Die Büffel rennen sogar bis zu dreißig Stundenkilometer schnell. Dennoch: Eine Teilnehmerin beklagte sich, dass ich hier eine Minderheit diskriminieren würde.

Übertreibung

Bei der Übertreibung wird alles auf die Spitze getrieben. Man denkt in die Richtung, was passiert, wenn ich es noch sehr viel stärker, lauter, größer, besser ... mache, oder auch das Gegenteil davon sehr viel schwächer, kleiner, leiser, schlechter.

Beispiel:
237 Prozent aller Menschen übertreiben völlig.
Verkehrskontrolle. Der Polizist: »Haben Sie etwas getrunken?« – Autofahrer: »Nein.« – Polizist: »Sollten Sie aber! Mindestens zwei Liter am Tag.«
Chuck Norris isst keinen Honig. Er kaut Bienen.
Ich bin so hungrig, ich könnte einen Elefanten essen.
Ein Beamter zum anderen: »Ich weiß nicht, was die Leute immer haben – wir tun doch nichts!«

Rollen

Viele Comedians oder Schauspieler entwickeln Rollen oder Alter Egos, die sehr lustig sind und sich in der Rolle alles erlauben können. Die klassischen Figuren sind Clown, Harlekin oder Pantomime. Sehr bekannte Figuren sind »Horst Schlemmer« von Hape Kerkeling, aber auch Otto Walkes, Charlie Chaplin und andere.

Die Figuren sind Kunstfiguren, die außerhalb der Norm stehen und deshalb Dinge tun dürfen, die normale Menschen nicht tun dürfen. Aus diesem Unterschied entsteht die Komik und der Humor.

In Bezug auf Präsentationen gibt es etwa die Richtung Comedy-Redner wie Dr. Jens Wegmann. Er hält Vorträge, die sehr seriös starten und dann im Chaos enden. Das Publikum jubelt am Ende und kann sich nicht mehr halten vor Lachen (Comedy-Redner: 129).

Wer Lust zu so etwas hat, sollte in ein Schauspieltraining gehen und dort gezielt solche Figur entwickeln.

Witzige Sprüche

In meinen Präsentationen nutze ich unterhaltsame Zitate. Das erzeugt bei vielen Zuschauern ein Schmunzeln und lockert auf. Gerade, wenn ich etwas trockenere Themen präsentiere, steigt der Unterhaltungswert. Ich verwende die Sprüche in der Einleitung und im Abspann, um Abschnitte zu trennen, in ein Thema einzuführen oder um Erklärungen unterhaltsamer zu machen.

Um unterhaltsames Textwerk zu finden, bieten sich viele Quellen an. Angefangen von Zeitungen, Zeitschriften, Büchern bis hin zu Webseiten. Bei Büchern gibt es zahlreiche Bücher mit Zitatsammlungen und Sprüchen. Im Internet finden sich eine Reihe von Webseiten, auf die man zurückgreifen kann.

34 | Provokativ witziger Spruch auf einer Präsentationsfolie

Hier eine Auswahl:

- *www.pinterest.de* (»witzige Sprüche« suchen)
- *www.programmwechsel.de*
- *wohlfinderei.de/lustige-spruche-beruhmter-komiker*
- *www.marathonfitness.de/lustige-zitate*
- *www.zitate-und-sprichwoerter.com/lustige-zitate*
- *karrierebibel.de/lustige-sprueche*

Witzige Medien, wie Bilder, Videos, Audios

Lustige Bilder, kleine Videoclips oder witzige Audioclips können die Präsentation auflockern. Wichtig ist jedoch der Kontext. Je näher die Verbindung zwischen lustigen Medien und dem Thema ist, desto besser wird das von den Zuschauern mit dem Thema in Verbindung gebracht. Und die Inhalte bleiben besser im Gedächtnis.

Im Internet nennt man diese Art von Medien auch Meme. Ich verwende Bilder und Videos in meiner Einleitung und im Abspann, um Abschnitte zu trennen, in ein Thema einzuführen, als Metapher für eine bestimmte Botschaft oder um relevante Inhalte nochmal besser merkbar zu präsentieren. In letzterem Fall zeige ich etwa ein lustiges Bild und stelle eine Verbindung zum nachfolgenden Inhalt her.

Ich nutze das folgende Bild auch als Überleitung zu einem meiner Themen: »Es gibt spannende Arbeitsplätze und es gibt spannende Präsentationen. Jetzt schauen wir uns das mal näher an.«

35 | Ideale Metapher für das Thema Arbeitsschutz »immerhin tragen sie Helme«

Hier eine kleine Auswahl von Internetseiten, auf denen ich fündig geworden bin. Manchmal reicht auch schon eine Kuriosität aus, wie etwa Zuckerwatte in Comic-Anmutung (Isnichwahr: 132), um etwas Besonderes in die Präsentation einzubauen.

Auf diesen Seiten findest du vorwiegend Bilder, Videos, Meme, teilweise auch animierte GIFs, aber keine Audios:

- *www.pinterest.de*
- *www.debeste.de*
- *funpot.net*
- *www.isnichwahr.de*
- *imgur.com*
- *9gag.com*

Bilder:

- *karrierebibel.de/lustige-bilder*

Animierte GIF-Grafiken:

- *www.animierte-gifs.net*
- *giphy.com*
- *gfycat.com*

Lustige Audios:
www.thefunnysounds.com/german

Ansonsten noch die gesamten Social-Media-Plattformen, insbesondere Facebook mit seinen Fun-Gruppen, Instagram, TikTok oder YouTube.

6.6 Rechtliche Hinweise

Beim Einsatz von Sprüchen, Zitaten, Bildern, Videos, Designs, Figuren und so weiter sollte man immer auch das Urheber- und Nutzungsrecht beachten. Viele Medien, die man gerne verwenden möchte, sind entsprechend geschützt und dürfen nicht frei verwendet werden. Beispiele dafür sind zum Beispiel Filmausschnitte- und Figuren, Comiccharaktere wie etwa Asterix und Obelix, Peanuts und andere.

Wie komme ich dennoch an das Material?

Falls ich mal etwas davon brauche, schaue ich als Erstes bei Wikipedia beziehungsweise Wikimedia und prüfe, ob es hier Bilder oder Videos gibt, die frei verwendbar (Creative Common) bei Nennung des Rechteinhabers sind. Darüber hinaus kann man im Internet recherchieren und zum Beispiel bei Gettyimage, Shutterstock et cetera nach Material schauen und kostenpflichtig erwerben.

Eine weitere Möglichkeit ist eine Anfrage bei dem Rechteinhaber und sein Anliegen vorzutragen. Bei dem ein oder anderen kann man gegen eine Gebühr erfolgreich sein, zum Beispiel bei TV-Sendern. Viele haben sogar auf ihrer Website eine Kontaktmöglichkeit.

Wenn man mit allem nicht weiterkommt, bietet sich ein Workaround oder ein Look-a-like an. Nehmen wir mal beispielsweise Asterix und Obelix. Man beschafft sich Stoffversionen der Charaktere und fotografiert oder filmt diese. Im Musikbereich werden sogenannte Look-a-likes eingesetzt, das sind Musikstücke, die ähnlich wie das Original klingen, aber so verändert sind, dass sie als Komposition eigenständig sind.

6.7 Streiche

Streiche im Internet sind sehr beliebt – das sieht man an den Likes in den Social Media. Streiche – englisch Pranks – sind eine gute Inspirationsquelle für mich. Ich habe auch schon den ein oder anderen Trick auf meine Präsentation übertragen.

Vor einigen Jahren, als es noch kein iPad gab, hielt ich einen Vortrag zum Thema Präsentationstrends. In der Mitte des Vortrages wollte ich das Publikum erstaunen und zum Lachen oder Schmunzeln bringen. Von einem Präsentationsexperten erwartet man natürlich, dass alles reibungslos läuft. Ich präparierte meine Präsentation so, dass nach circa der Hälfte der Zeit, die Folie vermeintlich langsam die Leinwand runterrutschen sollte.

Dazu hatte ich einen Screenshot von der Folie gemacht und ihn so in der Präsentation animiert, dass er langsam nach unten verschwand.

Ich erzählte weiter, während die Folie hinter mir immer mehr nach unten verschwand. Ich merkte die Unruhe im Publikum und sah, dass alle gebannt auf die Folie schauten. Die Augen der Zuschauer verfolgten, wie sie sich langsam absenkte. Keiner war mehr richtig aufmerksam. Ich redete einfach weiter. Ein Teilnehmer hielt es nicht mehr aus und rief »Sie haben da einen Fehler. Die Präsentation spinnt.« Ich drehte mich um, tat erst mal überrascht und sagte ganz ruhig: »Ach, das ist kein Problem«. Ich nahm mein Laptop und drehte es auf den Kopf – dabei klickte ich mit der Maus, um die Animation wieder in die andere Richtung zu starten und siehe da die Folie rutschte in die richtige Richtung und war wieder voll da. Das Publikum war überrascht und lachte, ich bekam Applaus und es ging weiter. Anschließend wurde ich gefragt, wie man das am eigenen Laptop machen kann. Das wäre ja schon sehr hilfreich. Mein Konzept ging auf und es war eine willkommene Abwechslung für die Zuschauer.

Wenn man sich dazu noch mehr Ideen holen will, findet man bei YouTube einige Videos von Professoren oder Konferenzteilnehmern, zum Beispiel von einem Mathematik-Professor auf einer Business Conference in Jordanien: *youtu.be/pd9n8EfRk3w*. Oder hier bei einer Vorlesung: *youtu.be/Z9NQatne0xg*.

6.8 Zusammenfassung

Mit Humor lassen sich Präsentationen unterhaltsamer, lustiger, spielerischer und wirkungsvoller gestalten. Teilnehmer und Zuschauer sind aufmerksamer und motivierter. Inhalte bleiben besser im Gedächtnis und werden mit einem guten Gefühl verknüpft.

7 Comics – der Evergreen der unterhaltsamen Wissensvermittlung

Die Verwendung von Comics in Präsentationen kann die Aufmerksamkeit des Publikums erhöhen und gleichzeitig das Interesse am Thema wecken. Komplexe Sachverhalte und Ideen lassen sich freier visualisieren und schaffen eine interessante Alternative. So wird es für das Publikum leichter, Informationen zu verstehen und sich daran zu erinnern.

Darüber hinaus ist die Verwendung von Comics eine wirkungsvolle Ergänzung und Kontrast zu den herkömmlichen Präsentationen. Comics erhöhen den Kreativitätsgrad und Unterhaltungswert einer Präsentation, emotionalisieren das Publikum und verstärken so die Botschaft der Präsentation.

7.1 Wie lassen sich Comics in Präsentationen nutzen?

Ich nutze Comics oder Cartoons für verschiedenste Bereiche in Präsentationen, zum Beispiel um

- komplexe Sachverhalte zu erläutern: schwierige Themen anschaulich und verständlich erklären oder um Prozesse, Abläufe oder Zusammenhänge zu verdeutlichen.
- Daten zu veranschaulichen: statistische Daten oder Ergebnisse von Studien anschaulich und unterhaltsam darstellen.
- Geschichten zu erzählen: zum Beispiel eine Produktentwicklung oder ein Projekt darstellen.
- Botschaften zu vermitteln: zum Beispiel ethische oder soziale Themen aufgreifen.
- Produkt oder eine Dienstleistung zu bewerben: zum Beispiel Vorteile eines Produkts auf unterhaltsame Weise präsentieren.

36 | Business-Symbole im Comicstil zur Veranschaulichung von Daten

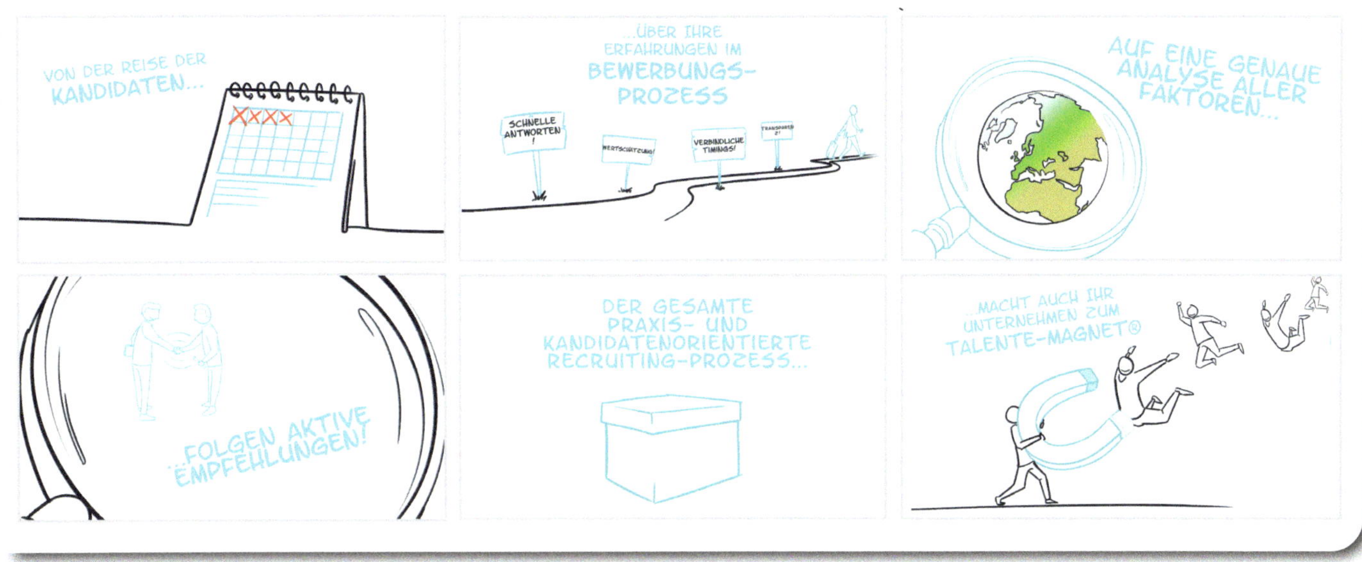

37 | Business-Symbole im Comicstil zur Veranschaulichung von Daten

7.2 In welchen Präsentationen setze ich Comics ein?

Comics können in verschiedenen Arten von Präsentationen eingesetzt werden. Für förmliche Präsentationen können sie helfen, Informationen vor Kunden und Investoren zu vermitteln oder neue Produkte und Dienstleistungen vorzustellen. In informellen Präsentationen können sie das Publikum unterhalten oder als visuelle Unterstützung für Wissensvermittlung und Persönlichkeitsentwicklung dienen. Auch Online-Präsentationen können mit Comics angereichert werden, um mehr Interaktion und Engagement beim Publikum hervorzurufen.

7.3 Comicstile im Überblick

Es gibt viele verschiedene Comicstile, die sich in der Art und Weise unterscheiden, wie die Geschichte erzählt wird und wie die Zeichen und Illustrationen dargestellt werden:

Klassischer Comicstil: Er findet sich in Comics wie Walt Disney, Tim und Struppi, Bonanza und anderen. Dieser Cartoonstil hilft, Charaktere und ihre Umgebung übertriebener darzustellen.

Mangastyle: Er ist ein Comicstil, der ursprünglich aus Japan stammt und sich durch seine charakteristische visuelle Ästhetik und die Verwendung von Sprechblasen und Onomatopoetika (Lautmalerei) auszeichnet. Manga können in verschiedenen Genres wie Fantasy, Science Fiction, Romance oder Action erscheinen.

Superhelden-Comicstil: Er ist ein beliebtes Genre, das sich durch die Darstellung von Helden mit übermenschlichen Fähigkeiten auszeichnet, die gegen Schurken und Bösewichte kämpfen. Der Stil dieser Comics ist oft dynamisch und actionreich, mit vielen Explosionen und Kämpfen.

Realistischer Comicstil: Er zeichnet sich durch die Verwendung von realistischen Darstellungen und Perspektiven aus. Beliebte Genre sind Drama, Romance oder Krimi. Ein eigenes Subgenre sind die sogenannten Graphic Novels. In ihnen werden auch ernste Themen unserer Gesellschaft comicfiziert. Der realistische Stil ist dabei der Detaillierteste und ermöglicht, die Charaktere und deren Umgebung sehr genau darzustellen.

Underground-Comicstil: Underground-Comics sind Comics, die außerhalb des etablierten Comicmarktes veröffentlicht werden und sich durch ihre provokante oder subkulturelle Thematik auszeichnen. Er reicht von surrealistischen Illustrationen bis hin zu minimalistischen Zeichenstilen.

Webcomicstil: Webcomics werden online veröffentlicht und verbreiten sich über das Internet. Er reicht von traditionellen Zeichenstilen bis hin zu digitalen Illustrationen.

Das ist nur ein kleiner Teil der Stile, es gibt noch einige weitere, angefangen von einfachen Strichzeichnungen, zum Beispiel am iPad selbst gezeichnet, bis hin zu auf-

38 | Streifen, Punkte, Sprechblase sind typische Stilmittel von Comics

wendig gestalteten Comic-Strips. Eine Alternative sind Fotos, die in den Comicstil gewandelt werden. In PowerPoint gibt es dazu sogar die verschiedenen künstlerischen Effekte, die fürs Erste dafür eingesetzt werden können. Außerdem gibt es online weitere Tools. Interessant ist der Comcistil auch bei Illustrationen, Symbolen und Icons.

Illustrationen sind ein gutes Mittel, um Geschichten zu erzählen und Ereignisse, Personen oder Umgebungen darzustellen. Symbole und Icons können mit bestimmten Ideen oder Gefühlen verknüpft werden, zum Beispiel Sprechblasen, Stop-Schild und so weiter. Besonders poppige Farben und visuelle Muster oder Oberflächenbeschichtungen (Texturen) unterstreichen emotionale Reaktionen. Ein beliebtes Comicstilmittel sind gestreifte oder gepunktete Texturen im Hintergrund.

Storys oder Heldengeschichten lassen sich sehr gut mit Comics visualisieren. Die Story sollte immer bestimmte Elemente enthalten: einen Einstieg in die Geschichte, einen Konflikt oder ein Problem, das gelöst werden muss und eine Entwicklung des Charakters im Laufe der Geschichte. Heldengeschichten sollten den Zuhörern einen Held vorstellen, mit dem sie sich identifizieren können, sowie Gegenspieler oder Bösewichte als Hindernisse für den Helden.

7.4 Wie sieht ein Comic in PowerPoint aus?

Ein Comic in Microsoft PowerPoint lässt sich sehr leicht erstellen. Es gibt viele Vorlagen für Comic-Präsentationen in PowerPoint, die man nutzen kann. Siehe Liste am Ende dieses Kapitels. Das Hinzufügen weiterer Comic-Elemente aus Bilddatenbanken, ebenso wie Animationselemente und Soundeffekte kann die Geschichte noch lebendiger machen. Dadurch kann sich das Publikum noch mehr in die Geschichte einfühlen und sich verstärkt mit dem Thema der Präsentation beschäftigen.

7.5 Klassischer Comicstil

Wenn man sich auf den Comicstil einlässt, lassen sich viele Elemente in die Präsentation einfügen. Für Auflockerung sorgen mit Sicherheit die verschiedenen Ausdrucksweisen, wie im nachfolgenden Bild. Tatsächlich nutzt zum Beispiel der Keynote Speaker Dietmar Dahmen (Dahmen, YouTube: 124) solche Elemente in seinen Präsentationen und sorgt damit für einen merkbaren Auftritt.

In den folgenden Beispielen wird die typische Comic-Seitenaufteilung genutzt. Die Anmutung bricht aus gewohnten Präsentationsdesigns aus und bleibt dadurch deutlich besser im Gedächtnis. Erweitert man diesen Stil und baut echte Bilder ein, wird es ein Mix aus klassischem und Real-Comicstil, wie das nachfolgende Beispiel zeigt.

39 | Klassischer Comicstil mit Streifen, Punkt Hintergründen und der typischen Actionsymbolik

40 | Die klassische Comicaufteilung als Präsentation

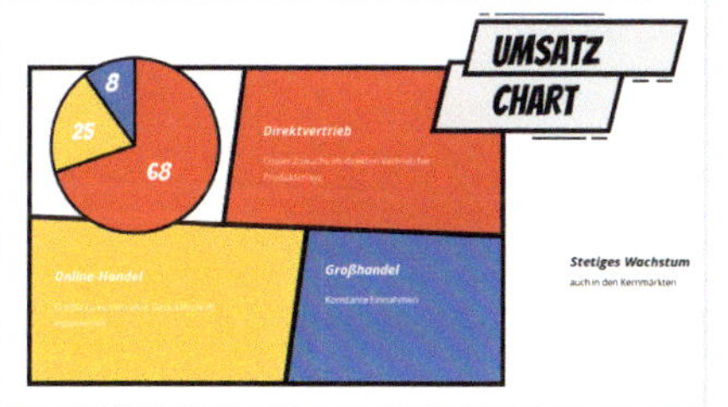

Erweitert man diesen Stil und baut echte Bilder ein, wird es ein Mix aus klassischem und Real-Comicstil, wie das nachfolgende Beispiel zeigt. Die Grafiken stehen im Vordergrund im Gegensatz zum Graphic-Novel-Stil, bei dem Realbilder den Ton angeben.

41 | Die klassische Comicaufteilung als Präsentation

7.6 Manga- beziehungsweise Animestil

Der Mangastil eignet sich vor allem, um ein junges Publikum abzuholen. Man kann mit den Charakteren spielen, ihnen Botschaften in den Mund legen und so eine Geschichte erzählen. Der typische Manga-Look sorgt für Aufmerksamkeit und hat eine ganz besondere Tonalität.

42 | Manga- beziehungsweise Animestil

7.7 Superheldenstil

Der Superheld oder Held kann der Präsentation Power und Energie verleihen. Mit magischen Kräften versehen, lassen sich viele Dinge regeln, wie man in der folgenden Präsentation sieht.

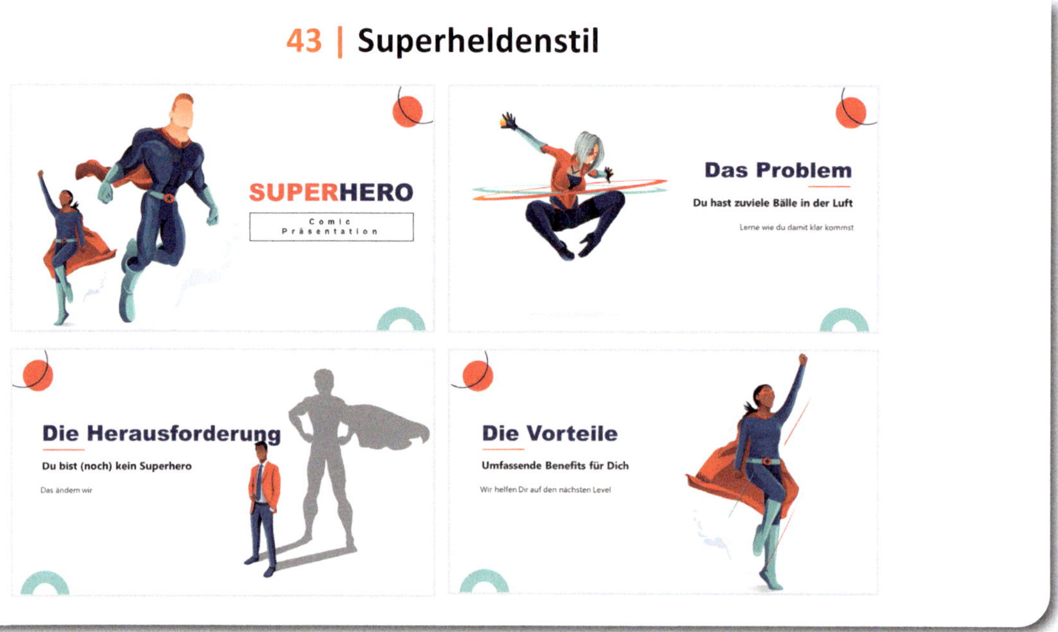

7.8 Graphic Novel

Die Graphic Novel ist eine eigenständige Gattung und oft tiefgründiger und komplexer als ein Comicstrip. Im Gegensatz zu Comicstrips, die eher flach und humorvoll sind, gehen Graphic Novels tiefer in die Charaktere und ihre Motivationen ein und behandeln die Themen umfangreicher. Die Geschichte in einer Graphic Novel wird in Form von Text und Bildern erzählt. Der Text kann in Sprechblasen oder als Erzähltext präsentiert werden. Die Bilder sind entweder gezeichnet oder sehr häufig auch von einem Foto in eine Cartoon-Darstellung gewandelt. Graphic Novels können in verschiedenen Genres verfasst werden, von Fantasy und Science-Fiction bis hin zu realistischen Erzählungen und Biografien.

Einige Beispiele zu Graphic Novel (Grafische Romane) findet man unter folgende Webseite: *www.businessinsider.de/insider-picks/buecher/graphic-novels*.

44 | Bilder, die von Cartoonizern gewandelt wurden

45 | Grafik- und Realbild-Mix

46 | Ein illustriertes Bild

47 | Verfremdetes Realbild

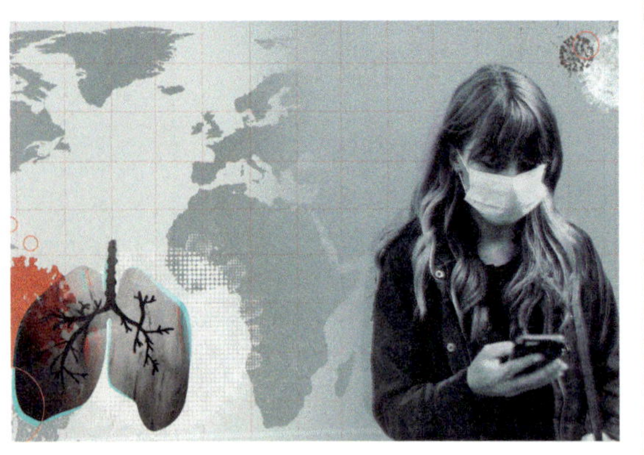

48 | Illustriert oder verfremdetes Foto

7.9 Business-Comicstil mit spielerischen Elementen

Diese Vorlage enthält Elemente aus dem Comicbereich. Die Vorlage ist bei SlidesGo.com (SlidesGo: 155) zu finden.

49 | Vorlage für PowerPoint- und Google-Slides

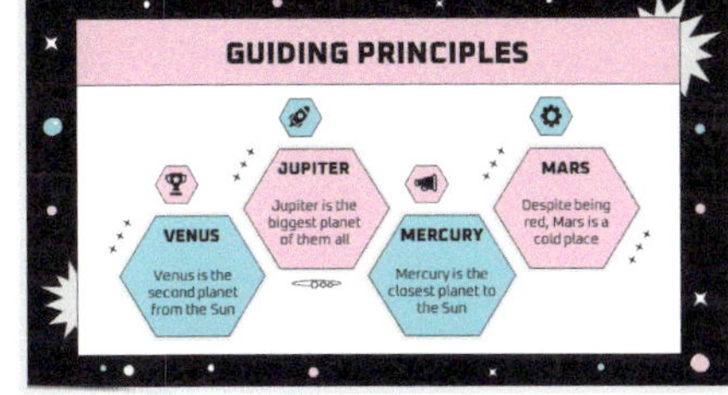

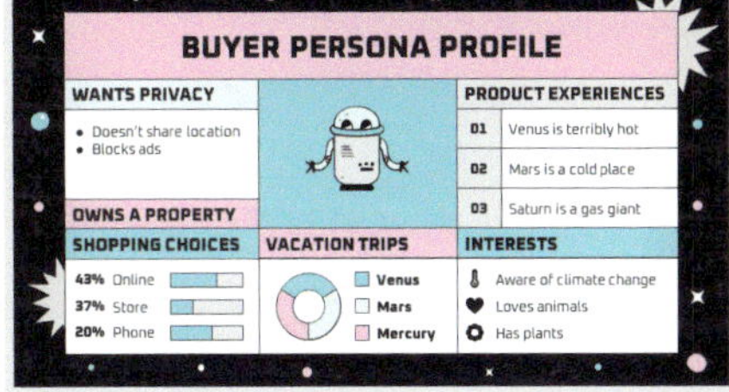

7.10 Arbeitstools

Präsentationsvorlagen

- SlidesGo Comic – *slidesgo.com/de/theme/comic-stil*

Bilder zu Comic und Cartoon

Bilder im Comic- und Cartoonstil findet man auf allen gängigen Fotoarchiven online. Exemplarisch ein paar Datenbanken mit Comicelementen.

Kostenfreie Archive:

- FlickR – *www.flickr.com*
- Wikimedia – *www.wikimedia.de*
- Microsoft-Archiv (in Office enthalten, über Einfügen – Bilder)

Teilweise kostenfreie Archive:

- Pixabay – *pixabay.com/de*
- Pexels – *www.pexels.com/de-de*
- Freepik – *de.freepik.com*

Kostenpflichtige Archive:

- Shutterstock – *www.shutterstock.com/de*
- iStockphoto – *www.istockphoto.com/de*
- Adobe Stock – *stock.adobe.com/de*

Zeichen-Apps

Mit diesen Tools kann man zeichnen und speziell auch Comic-Bilder erstellen. Darüber hinaus lassen sich mit einem der Tools auch ganze Trickfilme erstellen. Vergleiche auch Kapitel »Erklärfilme.«

Für Computer (Windows/macOS)

- Adobe Photoshop CC
- CLIP STUDIO PAINT
- PaintTool SAI
- Paintstorm Studio
- MediBang Paint Pro
- Corel Painter 2022
- Krita – *krita.org/en*
- GIMP 2 – *www.gimp.org*

Für Tablet (iPad/Android)

- Paper
- ibisPaint
- CLIP STUDIO PAINT
- Adobe Fresco
- Procreate
- MediBang Paint
- Paintstorm Studio

Für Smartphone

- ibisPaint
- CLIP STUDIO PAINT
- MediBang Paint
- Sketchbook – *www.sketchbook.com*

Comicprogramme

Mit diesen lassen sich schnell und einfach Comicszenen erstellen. Einige Programme bieten Unterstützung in Form von Charakteren, Objekten und so weiter an, ohne dass du selbst etwas zeichnen musst. Einige sind auf allen Plattformen von MacOS, iOS, Windows, Android verfügbar.

- Comic Life – *plasq.com* oder *www.comiclife.eu*
- StoryboardThat – *www.storyboardthat.com*
- Pixton – *www.pixton.com*
- Tilted Chair – *www.tiltedchair.com*
- ComicStripIt – *www.comicstripit.com*
- Comic Studio – *licensix.com/avanquest-comic-studio-deluxe*

Comic Add-in für PowerPoint

Der Vorteil der Add-ins ist das direkte Vorhandensein einer Reihe verschiedener Charaktere in einem Stil. Bei Pixton werden die Charaktere im ersten Schritt definiert und gespeichert. Im zweiten Schritt wird die passende Pose, etwa Hände hoch, eingefügt und im letzten Schritt fügt man die Figur auf der Folie ein. Soll eine andere Pose genutzt werden, wird der Charakter erneut ausgewählt und auf eine andere Bewegung geklickt.

- Pixton
- CartoonStock

Cartoonizer

Eine der umfangreichsten Sammlungen von Bildtools, circa vierzig an der Zahl, unter anderem auch FX Cartoonizer und Photo Cartoonizer, mit denen ich die Bilder im Abschnitt Graphic Novel erstellt habe, findet sich hier: *www.cartoonize.net*.
Befunky ist einfacher gehalten, leistet aber mindestens das Gleiche: *www.befunky.com*.

Zeichenschule

Wer tiefer einsteigen will, findet Bücher, Zeichenkurse und Online-Comic-Anleitungen. Ich selbst habe vor vielen Jahren dazu einen sechsmonatigen Kurs besucht, danach aus Büchern gelernt und über gekaufte Online-Kurse mein Wissen gezielt vertieft. Vereinzelt habe ich mir auch YouTube-Videos angeschaut – teilweise gut gemacht, allerdings bekommt man kein Feedback, wenn man nicht weiterkommt, teilweise haben die Videos Längen und sind didaktisch nicht immer auf der Höhe der Zeit aufgebaut. Wen das nicht stört, kann auch auf YouTube zurückgreifen. Hier eine Auswahl:

Online-Lernnuggets

YouTube

- Sammlung von Comic Zeichen Kurse: *www.youtube.com/results?search_query=comic+zeichnen+lernen*
- Robert Marzulla – *www.youtube. com/user/MrRamstudios1*
- Michael Besnard – *www.youtube. com/user/howtodrawcomicsnet*

Professionelle Online-Kurse (teilweise sehr günstig)

- Zeichnen lernen – *zeichnen-lernen.net/category/zeichnen-malen/comics-mangas*
- ComicFactory – *www.comicfactory.com*
- Drawtut – *drawtut.com/de*
- Udemy – *www.udemy.com/ course/ganz-einfach-figuren-im-comic-stil-zeichnen-konnen*
- Domestica – *www.domestika.org/de/courses/3664-comiczeichnen-in-procreate*
- Comic-Zeichner-Ausbildung: SGD, ILS und andere

7.11 Zusammenfassung

Comics lassen sich sowohl für eher formelle als auch informelle Präsentationen einsetzen und bringen Abwechslung in die Präsentation. Sie helfen, Ideen und Konzepte auf eine visuell ansprechende Weise zu vermitteln und ermöglichen es dem Referenten, das Publikum über die Comic-Darstellung emotional zu erreichen. Neben Zeichenkursen, Comic-Programmen, Comic Add-ins helfen Zeichenapps und Cartoonizer comifizierte Präsentationen zu erstellen.

Der nächste Schritt ist: Comics animieren. In meinen Seminaren hatte ich schon den ein oder anderen professionellen Zeichner oder auch Zeichnerin, die bei mir lernen wollten, wie sie ihre Comics schnell animieren können. Dafür bietet sich einerseits PowerPoint mit der Morph Funktion an und andererseits gibt es eine Reihe von 2-D-Animationsprogrammen. Im Seminar zeige ich eine Auswahl von Möglichkeiten und den Schnelleinstieg. Nach kurzer Zeit waren dann schon sehr gute Ergebnisse zu sehen, zumindest so gut, dass die anderen Teilnehmer sehr beeindruckt waren. Mit Soundeffekten wurde das Ganze nochmal spannender.

Und das bringt uns zum nächsten Kapitel, den Erklärfilmen und -präsentationen.

8 Erklärfilme und Erklärpräsentationen – die unterhaltsame Variante, Wissen zu vermitteln

Erklärfilme sind mittlerweile eine eigene Gattung im Bereich Medien. Sie eignen sich besonders gut für die Verwendung in Präsentationen, da sie visuell ansprechend und leicht verständlich sind und somit dazu beitragen können, das Interesse und die Aufmerksamkeit der Zuhörer zu wecken und zu halten. Der Erklärfilm ist eine abgeschlossene Einheit mit circa neunzig Sekunden Laufzeit. Er wird in einer Präsentation auf einer Folie als Video oder auf mehrere Folien dargestellt. Letzteres dann, wenn der Erklärfilm im Präsentationsprogramm gebaut ist und die Folienübergänge automatisch erfolgen.

Alternativ dazu gibt es die Erklärpräsentation, hier werden die gleichen Mechanismen des Erklärfilms verwendet, jedoch entfällt der unterlegte Sprecherton. Das heißt, der Referent klickt durch die Folien und erklärt schrittweise.

Im Folgenden nutze ich den Begriff Erklärfilm und meine damit auch die Erklärpräsentation. Da, wo es Unterschiede gibt, weise ich gesondert darauf hin.

8.1 Viele Möglichkeiten

Es gibt verschiedene Möglichkeiten, wie man Erklärfilme in Präsentationen nutzen kann:

1. Ein Erklärfilm kann als Einführung zu einem Thema oder als Überblick dienen und den Hintergrund zum Thema liefern.
2. Erklärfilme vermitteln Konzepte oder Ideen schnell und anschaulich.
3. Erklärfilme dienen als Brücke zwischen verschiedenen Themenbereichen oder Abschnitten.

8.2 Viele Gründe

Es gibt viele Gründe für die Nutzung von Erklärfilme:

- Erklärfilme sind visuell ansprechend und leicht verständlich: Sie verwenden Bilder, Grafiken und Animationen, um komplexe Themen oder Ideen anschaulich darzustellen.

- Erklärfilme sparen Zeit: Sie können schneller angeschaut werden als lange Erklärtexte auf einer Folie.
- Erklärfilme sind nachhaltig: Sie bleiben gut im Gedächtnis, wenn sie gut gemacht sind.
- Erklärfilme sind motivierend: Sie können das Interesse und die Aufmerksamkeit der Zuschauer wecken und steigern damit die Motivation der Zuschauer, neues Wissen zu erfahren.

Erklärfilme als Standalone Medium sind einfach zu teilen: Sie können leicht auf verschiedenen Plattformen geteilt werden, zum Beispiel auf YouTube oder in sozialen Medien, und können so eine breite Zielgruppe erreichen. Um Erklärfilme in Präsentationen erfolgreich einzusetzen, ist es wichtig, dass sie gut auf das Thema und die Zielgruppe der Präsentation abgestimmt sind und dass sie in einer angemessenen Länge gehalten werden, um die Aufmerksamkeit der Zuhörer nicht zu verlieren. In der Regel liegt die Länge zwischen dreißig und neunzig Sekunden.

8.3 Wie sind Erklärfilme aufgebaut?

Die Aufbauweise von Erklärfilmen kann je nach Art des Erklärfilms und dem Zweck, den er erfüllen soll, unterschiedlich sein. Im Allgemeinen gibt es jedoch einige Elemente, die in den meisten Erklärfilmen enthalten sind:

Die Einleitung

Dieser Teil des Erklärfilms stellt das Thema vor und gibt den Zuschauern einen Überblick darüber, was sie erwarten können. Hier ist es wichtig, mit einem interessanten Setting oder einer Frage zu starten. Die Einleitung muss neugierig machen und den Zuschauer abholen.

Hier einige Beispiele:

- »In diesem Film werden wir uns mit dem Thema der Klimakrise beschäftigen und erklären, wie wir unseren CO_2-Fußabdruck verringern können.«

- »Sie fragen sich, wie man ein Bankkonto eröffnet? Kein Problem, in diesem Film werden wir Ihnen genau erklären, wie das geht.«
- »Was muss passieren, damit Umsatz und Gewinn deines Unternehmens steigen? Vereinfacht gesagt: Kosten runter, Umsatz hoch. Ein Bereich, der selten beachtet wird, aber riesiges Potenzial hat, sind Performance Präsentationen.«
- »In diesem Film werden wir uns mit Factoring beschäftigen und erklären, wie das Ganze funktioniert.«
- »Sie möchten gerne wissen, wie Sie mehr Kunden mit Präsentationen gewinnen. Sie wissen aber nicht, wo Sie anfangen sollen und wie es funktioniert? Kein Problem, in diesem Film werden wir Ihnen die wichtigsten Tipps und Tricks verraten.«
- »Du überlegst, dich bei uns zu bewerben? In diesem Film stellen wir dir unser Unternehmen und die Entwicklungsmöglichkeiten vor.«
- »Wusstest du, dass man mit Yoga nicht nur den Körper, sondern auch den Geist trainieren kann? In diesem Film werden wir dir einige Yogaübungen zeigen und erklären, wie sie dir helfen können, dich besser zu entspannen und zu konzentrieren.«

Der Hauptteil

Dieser Teil des Erklärfilms enthält die eigentliche Erklärung des Themas und ist in Abschnitte oder Unterpunkte unterteilt, um die Informationen übersichtlich und leicht verständlich zu gestalten.

Beispiele: Der Hauptteil eines Erklärfilms zum Thema »Klimakrise« und CO_2-Fußabdruck könnte wie folgt aussehen:

1. Definition des Begriffs "CO_2-Fußabdruck" und Erklärung, warum er wichtig ist.
2. Erklärung der Haupttreiber der Klimakrise, wie zum Beispiel der Ausstoß von Treibhausgasen durch die Verbrennung von fossilen Brennstoffen und Landnutzungsveränderungen.

3. Aufzeigen von Möglichkeiten, wie jeder Einzelne seinen CO_2-Fußabdruck verringern kann, zum Beispiel Durch den Verzicht auf Flugreisen, den Kauf von grünem Strom, den Verzicht auf Plastikverpackungen et cetera.

Der Hauptteil eines Erklärfilms zum Thema »Performance-Presentations« könnte wie folgt aussehen: Unsere Lösung dafür heißt: Performance Presentations – messbar mehr Unternehmenserfolg. Das ist kein Schlagwort, sondern dahinter steckt eine ausgeklügelte Strategie, die wir in den letzten dreißig Jahren perfektioniert haben – und mit denen unsere Kunden schon viele Erfolg feiern konnten.

Ziel dahinter sind keine aufgehübschten Folien, sondern Präsentationen mit messbar besseren Ergebnissen. So weißt du genau, wie der ROI bei Präsentationen aussieht. Mit dazu gehören etwa Performance-Presentation-Kits, eine Art intelligente Baukästen, um im Handumdrehen Präsentationen zu erstellen. Mitarbeiter sparen so richtig Zeit. Ein weiterer Pfeiler sind unsere Performance-Presentation-Workshops. Mit ihnen steigern wir die Durchschlagskraft der Präsentationen signifikant. Egal, ob es um mehr Verkaufsabschlüsse, mehr Bewerbungen oder mehr Mitarbeitermotivation geht. Viele unserer Kunden können das bestätigen.

Der Schluss

Am Ende des Erklärfilms werden die wichtigsten Punkte noch einmal zusammengefasst, um sicherzustellen, dass der Zuschauer das Thema verstanden hat.

Beispiel: »In diesem Film haben wir uns mit dem Thema der Klimakrise beschäftigt und erklärt, wie wir unseren CO_2-Fußabdruck verringern können. Wir haben dargestellt, dass der Ausstoß von Treibhausgasen wie CO_2 einer der Haupttreiber der Klimakrise ist und dass jeder Einzelne dazu beitragen kann, den CO_2-Ausstoß zu verringern. Dazu haben wir Möglichkeiten aufgezeigt, wie wir unseren CO_2-Fußabdruck im Alltag verringern können, zum Beispiel durch den Verzicht auf Flugreisen, den

Kauf von grünem Strom und den Verzicht auf Plastikverpackungen. Abschließend haben wir Beispiele aufgezeigt, wie sich der CO_2-Fußabdruck von Unternehmen und Einzelpersonen bereits verringern lässt. Wir hoffen, dass wir Ihnen mit diesem Film einige Anregungen geben konnten, wie auch Sie Ihren Beitrag zum Klimaschutz leisten können.«

Call to Action

In manchen Erklärfilmen gibt es am Ende eine Aufforderung an den Zuschauer, etwas zu tun, zum Beispiel eine Website zu besuchen oder sich für einen Newsletter anzumelden. Zum Beispiel: Du fragst dich, wie könnte das bei dir aussehen? Was kostet das Ganze? Diese Fragen klären wir in unserem kostenlosen Erstgespräch. Alles, was du tun musst, ist, unseren Fragebogen ausfüllen und eine Uhrzeit auswählen.

> Zusammenfassend lässt sich sagen, es ist wichtig, dass der Erklärfilm gut strukturiert ist und die Informationen in einer logischen Reihenfolge präsentiert werden, um sicherzustellen, dass der Zuschauer das Thema gut verstehen kann. Gleichzeitig sollte der Erklärfilm auch visuell ansprechend sein und die Aufmerksamkeit des Zuschauers halten, um ihn zu motivieren, den gesamten Film anzusehen. Zur visuellen Darstellung kommen wir gleich.

8.4 Arten von Erklärfilmen

Es gibt verschiedene Arten von Erklärfilmen, die sich je nach Zweck und Zielgruppe unterscheiden können. Hier sind einige Beispiele:

Animierte Erklärfilme oder animierte Erklärpräsentationen: Einsatz von animierten Grafiken, um ein Thema oder eine Idee zu vermitteln. Beispiele dafür sind, die Erklärung, wie der Wasserkreislauf funktioniert, wie

Bakterien leben oder wie unser Rechtssystem aufgebaut ist. Sie sind besonders gut geeignet, um komplexe Zusammenhänge anschaulich darzustellen. Man findet sie häufig in der Bildung oder in der Wissenschaft. Auch im Fernsehen werden Erklärfilme in Nachrichten, Wissenschaftssendungen, Dokumentation und Reportagen eingesetzt, etwa die Erklärung einer Mars-Mission oder die neuen Regelungen bei der Steuererklärung.

Lehrfilme, Lehrpräsentationen: Diese Art verwendet einen Sprecher, der das Thema erklärt und dabei von visuellen Hilfen (Videos, Fotos, Gegenstände, ...) unterstützt wird. Besonders geeignet bei Vermittlung von Workflows. Man findet sie in Schulungsabteilungen, bei E-Learnings, in Videokursen, bei YouTube und anderen. Beispiel dafür sind: Wie geht man Schritt für Schritt vor, um im PowerPoint richtig zu morphen? Oder: Wie verbessert man Schritt für Schritt seine Rhetorik?

Interaktive Erklärfilme: der Zuschauer steuert die Präsentation selbst und hat die Möglichkeit, mittels Buttons auf bestimmte Informationen zu klicken. Ein Beispiel dafür sind sogenannte digitale Verkaufsunterstützung. Mittels Buttons auf der Folien im PowerPoint steuert der Kunde das an, was ihn interessiert.

Call2Action-Erklärfilme und -präsentationen: Sie werden häufig im Marketing eingesetzt, um Interessenten zu einer Handlung zu bringen. Beispielsweise: Der Erklärfilm wird bei LinkedIn gepostet und der Leser soll sich am Ende in einer Liste eintragen. Diese Art von Filmen eigenen sich daher auch besonders in sozialen Medien, im Vertrieb oder auf Websites.

8.5 Die Visualisierung von Erklärfilmen und -präsentationen

Hier sind sechs typische Stile. Da es genügend Beispiele für Erklärfilme im Internet gibt, habe ich hier auf Abbildungen verzichtet.

Whiteboard

Einer der beliebtesten Stile ist der Whiteboard-Stil. Die Bilder erscheinen allmählich vor einem weißen Hintergrund, als ob sie gezeichnet, bewegt oder aufgelegt würden. Nach und nach erscheinen die Bilder, die oft scheinbar von einer Hand gezeichnet wurden. Dieser Stil hat auch noch einen anderen Namen – der Legetrick. Bekannt geworden ist der Stil mit den Beispielen von Simple-Show.

Cartoon-ähnliche Charaktere und Objekte werden oft in Schwarz-Weiß dargestellt, manchmal gibt es auch eine Farbnuance, um es interessanter zu gestalten.

Alle Legetrick- oder Whiteboard-Stilarten sind einfach gehalten, was sie vielseitig einsetzbar macht. Die Produktionskosten für Whiteboard-Videos sind relativ gering, was sie auch ideal für längere Lerninhalte macht. Ein gutes Konzept ist jedoch der Schlüssel zu einem fesselnden Film, und ein gut ausgearbeitetes Skript ist notwendig, um die Zuschauer abzuholen.

Flat-Design

Wie der Name schon sagt, zeichnet sich der flache Stil durch einen minimalistischen und flachen Look aus. Grundfarben und abstrakte, zweidimensionale Illustrationen machen diesen Stil sehr modern und erinnern an Zeichentrickfilme.

Der flache Stil kann recht dynamisch sein, und mit einer großen Farbpalette können Details gut zum Ausdruck gebracht werden. Ein Film in diesem Stil ist etwas aufwendiger zu erstellen, dafür wirkt er gehobener und seriöser.

Iconstil

Wenn es darum geht, ein abstraktes Thema oder viele Informationen zu vermitteln, ist der Icon-Stil eine bessere Alternative zu den gezeichneten Erzählvarianten. Im Mittelpunkt der beiden vorher genannten Stile stehen immer Protagonisten (Hauptdarsteller). Ein neutraler Erzähler spricht über sie und erklärt anhand der Charaktere. Im Iconstil können wir Symbole, Icons, Infografiken und Text verwenden, um eine Idee, eine Botschaft oder ein Thema zu vermitteln. Man kann die Elemente auf vielfältige Weise kombinieren, animieren und mithilfe des Sprechers einen interessanten visuellen Fluss erzeugen. So gibt es Icons, die sich gut zur Darstellung von Werkzeugen, Geräten, Gebäuden oder anderen abstrakten Dingen eigenen. Animierte Infografiken eignen sich perfekt für Abläufe, Zusammenhänge, Überschneidungen und Zahlendarstellungen.

Dieser einfache Stil eignet sich daher besonders, wenn viel Inhalt übersichtlich und anschaulich transportiert werden soll.

3-D-Animationen

3-D-Objekte können eine breite Palette von Möglichkeiten bieten und haben einige Vorteile. 3-D-Animationen können wirklichkeitsgetreu dargestellt werden, Bewegungen um Objekte sind viel einfacher als bei 2-D-Zeichnungen, und Kamerafahrten sorgen für mehr Dynamik. Zudem lassen sich heute schon in PowerPoint 3-D-Elemente einfach laden und animieren. Microsoft bietet bereits jetzt schon mehr als fünftausend 3-D-Objekte an und die Bibliothek wächst täglich. 3-D-Erklärfilme eignen sich besonders, wenn man modern präsentieren und die Zuschauer begeistern will.

Eine Unterart zwischen 2-D und 3-D ist der isometrische Stil. Er ist abgeleitet von der isometrischen Perspektive, die man in der Malerei, Architektur oder technischen Zeichnungen verwendet. Der Stil hat hohe Akzeptanz vor allem im IT und Technik-Bereich gefunden. Das Attraktive an diesem Stil ist auch, dass er ein Gefühl von Raum erzeugt, ohne auf echte 3-D-Animationen zurückgreifen zu müssen.

Zu berücksichtigen ist natürlich, dass sich der Aufwand für eine 3-D-Präsentation, je professioneller sie aussehen soll, deutlich erhöhen kann. Eine Rolle spielt dabei der Grad des Realismus, die Anzahl der Special Effects, die Komplexität der Objekte und der Animationen. Wenn man sich erfolgreiche Filme anschaut, wie »Ice Age«, »Wall-E« oder »Ratatouille«, hatten diese riesige Budget im zwei- bis dreistelligen Millionenbereich.

Collagenstil

Am freiesten und verrücktesten lässt sich mit dem Collage- oder auch Cut-out-Stil arbeiten. Eine Mischung aus Farben, Texturen, Zeichnungen, Fotos und Filmausschnitten, die kunstvoll animiert werden. Cut-Outs wirken im Vergleich zu anderen Animations- und Zeichenstilen eher haptisch und realistisch, während sie gleichzeitig künstlerischer und individueller sind als alle anderen Stile.

Die Bildsprache erinnert an Do-It-Yourself, Basteln und Fotocollagen. Sie eigenen sich daher auch besonders für Themen und Produkte, die handmade sind, einen Kontrapunkt zu den gängigen Businesstrends setzen wollen oder bei denen es um Authentizität und Echtheit geht.

Realfilm

Real gefilmte Videos (Realfilme) können für eindrucksvolle Erklärungen verwendet werden. Tatsächlich sind Realfilme die ursprünglichen Erklärfilme – eine für die ältere Bevölkerung bekannte Sendung war »Der 7. Sinn«, in der eine Verkehrssituation erklärt wurde, später dann Sendungen wie »Die Sendung mit der Maus«, »Löwenzahn«, »Willi wills wissen« oder »Gut zu wissen«. Hier wird mit gefilmtem Videomaterial ein Thema erklärt.

Abstrakte Themen sind allerdings schwer in realen Bildern zu erklären. Dafür sind die anderen Stile deutlich besser geeignet, weil hier auch real unmögliche Perspektiven dargestellt werden können. Beispielsweise: den Stromfluss in einem Schaltkreis, die Lebensweise von Mikroben oder die Prozesse im Online-Banking.

Der Realfilm hat jedoch einen wichtigen Vorteil. Als Menschen reagieren wir sehr stark auf Emotionen von Menschen und das macht es uns leichter zu folgen. Vor allem über einen längeren Zeitraum. Zwanzig Minuten Computeranimation sind eben etwas anderes als zwanzig Minuten Realfilm. Genauso wie Zeichen-, Collagestile, sind Realfilme auch schnell mit Handy und Computer zu realisieren. Jedes Smartphone kann heute filmen und so sind schnell Szenen im Kasten.

Als Alternative dazu bietet sich auch die Stockfilm Variante an. Stockfilme bezeichnen fertige Filmschnipsel. Die kann man entweder selbst aufgenommen haben oder Online in Datenbanken finden. Dazu gehören zum Beispiel: Pexels, Wikimedia, Microsoft-365-Archiv (im Office Paket enthalten und aus PowerPoint ladbar über den Befehl Einfügen – Video – Videoarchiv), Adobe Stock, Shutterstock und viele mehr.

Die Filmschnipsel lassen sich dann als Video in einem Videoeditor zusammenschneiden.

8.6 Tools (Von PowerPoint bis Spezialtool)

Hier findest du eine Reihe von Tools aufgelistet. Die Auswahl eines Tools fällt manchmal schwer, da jedes Tool unterschiedliche Präferenzen hat. Ich habe dir meine Lieblingstools mit einem Stern (*) markiert. Vielleicht schaust du dir sie ja als erstes an.

> Tipp: Du musst die Programme nicht selbst recherchieren. in der digitalen Playbox zum Buch findest du alle Links. Das spart Zeit und macht mehr Spaß.

8.7 Animationstools für Stile von Whiteboard bis Collage

Mithilfe dieser Software lassen sich die verschiedenen Erklärfilm und -präsentationsstile schnell abbilden. Bei PowerPoint gibt es im Gegensatz zu den anderen Tools keine

Templates, dafür aber Animationsfunktionen, die es ermöglichen, sehr schnell coole Animationen zu bauen.

- PowerPoint *
- Vyoond (ehemals GoAnimate) *
- Doodly *
- Animaker *
- CreateStudioPro *
- StoryboardThat
- Toonly
- Powtoon
- Rawshorts (preiswert)
- Videoscribe

Zeichen Apps

Mit diesen Tools kann man Trickfilme ganz klassisch, so wie wir es von Disney & Co. Kennen, erstellen. Ein Trickfilm funktioniert im Prinzip wie Daumenkino. Viele Einzelbilder hintereinander schnell abgespielt, sieht aus, als wenn sich etwas bewegt. Durch die sogenannte Technik der Zwiebelebenen, bei der man das vorhergehende Bild durchschimmern sieht, kann man sehr schnell spannende Trickfilme selbst zeichnen. Zudem lassen sich bei manchen Apps auch Bilder einladen, die man dann übermalen kann. Man muss also kein Künstler sein, um einen Trickfilm zu erstellen.

- Pencil 2d * – *www.pencil2d.org*
- Krita * – *krita.org*
- Adobe Animate – *www.adobe.com/de/products/animate.html*
- OpenToonz – *opentoonz.github.io/e*
- Animation Paper – *animationpaper.com*
- Synfig Studio – *www.synfig.org*

3-D-Animationstools

Mit diesen Tools kann man 3-D-Objekte erstellen und in Szene setzen. Programme, wie 3D Max oder Maya bedürfen einiger Lernzeit und werden von Profis für Hollywood Produktionen genutzt. Der simple Einstieg klappt mit PowerPoint und der 3-D-Objekt-Bibliothek. Danach kommt CreateStudioPro, hier gibt es auch schon fertige Bibliotheken, allerdings braucht es hier auch einige Tutorials, bis man etwas Brauchbares erstellt hat. Programme wie Blender oder Cinema 4D sind auch für ambionierte Hobbyanimateure ein guter Einstieg.

- PowerPoint *
- CreateStudioPro *
- Blender *
- 3D Max *
- Motionbuilder
- Cinema 4D
- Maya
- Daz Studio
- Houdini
- Mixamo
- Akeytsu

Videoeditoren (Betriebssystem)

Die wenigsten wissen, in den gängigen Betriebssystemen ist eine Videobearbeitungssoftware schon inkludiert. Für den Einstieg reichen diese Programme meist aus. Wer mehr will, sollte sich die weitere Liste anschauen.

- Clipchamp bei Windows,
- iMovic beim MAC oder
- Google Photos bei Andoid.

Videoeditoren

Darüber hinaus gibt es unzählige kostenfreie und kostenpflichtige Videoeditoren. Bei manchen Editoren kann man kostenfrei starten und zahlt nur für einen erweiterten Funktionsumfang:

- PowerDirector 365 *
- Lightworks
- VideoPad
- HitFilm Express
- DaVinci Resolve
- VSDC Free Video Editor
- OpenShot
- Shotcut
- Movie Maker 10
- iMovie
- Vimeo Create
- WeVideo

Hier eine Auswahl von kostenpflichtigen Editoren:

- Adobe Premiere Pro CC *
- Wondershare Filmora X *
- Magic Video Deluxe *
- Camtasia (Mac/PC) *
- Adobe Premiere Elements

- Apple Final Cut Pro 10
- Blackmagic DaVinci Resolve 17
- Cyberlink PowerDirector 20 Ultra
- Corel VideoStudio Ultimate
- Pinnacle Studio
- Hitfilm Express
- Nero Video

In letzter Zeit tauchen auch immer mehr KI-basierte Video-Editoren auf, die den Schnitt fast von alleine erledigen. KI-basierte Editoren erledigen Vieles selbstständig, zum Beispiel auch Text zu Stimme oder automatische Szenenaufteilung, automatisches Einfügen von Archivmaterial. Einen Blick lohnen die folgenden Programme:

- Movavi *
- Animoto *
- Synthesia *
- Pictory *
- InVideo
- Lumen5
- Rephrase
- Designs
- Veed
- Flexclip

8.8 Beispiel: Common-Craft-Style Erklärfilm

Diese Technik habe ich auch schon in meinen Seminaren angewandt und es hat den Teilnehmern sehr viel Spaß gemacht. Wichtig ist dabei eine klare Aufgabenstellung, gute Erklärung und ein Ziel. Der Vorteil der Technik: So ist es möglich, innerhalb kurzer Zeit ein brauchbares Ergebnis zu schaffen, wie zum Beispiel ein Projekt vorzustellen, eine Idee zu visualisieren, eine Botschaft zu formen und vieles mehr.

Der Clip eignet sich auch als Grundlage für eine professionellere Fassung, die man mit einem Tool erstellt. So ist schnell zu beurteilen, wie gut die Story, das Erklären und die Visualisierung funktionieren.

Das Vorgehen:

1. Eine kurze, nicht länger als eine halbe DIN-A4-Seite lange Story wird gebraucht (zum Beispiel Herr X geht zum Baumarkt und will dort einen Hammer kaufen und so weiter).
2. Danach kommen Papier, Schere, Stifte zum Einsatz, um die Elemente zu zeichnen und auszuschneiden.
3. Auf einem passenden Untergrund können nun die ausgeschnittenen Objekte hin- und hergeschoben werden.
4. Jetzt probt man das Zusammenspiel: Man schiebt und entfernt Element für Element und erzählt dabei die Geschichte.
5. Nach der Probe wird das Ganze mit dem Smartphone gefilmt. Am besten ist es natürlich, wenn mit mehreren Personen geprobt und gefilmt wird.
   a. Die erste Person hält die Kamera und filmt.
   b. Die zweite Person erzählt und schiebt die Elemente rein und raus, sofern sie das mit den Händen alleine kann. Wichtig dabei: die erste und zweite Person sollten sich gegenüberstehen, ansonsten behindern sich beide gegenseitig.
   c. Die dritte Person hilft, die Elemente in der richtigen Reihenfolge bereitzulegen, sodass die zweite Person nicht lange überlegen muss, welches Objekt genommen werden muss.
   d. Ist noch eine vierte Person involviert, kann diese für die Spezial Sound Effects sorgen, zum Beispiel Zischen, Pfeifen, Handytöne und so weiter.
6. Zusatztipps: Lässt man auf einem zweiten Handy Musik laufen, hört man das nachher im Video. Das lockert auf.

Wer das mal live sehen will, kann sich bei YouTube folgende Filme dazu anschauen:

8.9 Beispiel: Zeichentechnik mit Live-Sprecher

50 | Erklärung als Erklärfilm

https://youtu.be/VNRej7mStZY oder *https://youtu.be/jr34H5LMAm0*

Bei dieser Methode braucht es technisches Equipment. Erforderlich ist dazu ein Tablet-Computer (iPad, Android, ...), ein Greenscreen mit entsprechender Ausleuchtung, ein Rechner (Mac, PC, Android), sowie eine Kamera oder ein Smartphone. Das Grundprinzip: man sitzt oder steht quasi in der Zeichnung und erklärt. Siehe auch Bild.

Das Vorgehen:

1. Greenscreen aufbauen und Kamera/Smartphone platzieren. Alles so, dass man gut in die Kamera schauen kann und die Kamera gut ausgerichtet ist. Wichtig dabei: im Hintergrund darf nur der Greenscreen zu sehen sein.
2. Auf dem Tablet startet man nun eine Zeichenapp zum Beispiel Papier, Note, ... Passend zur erzählten Story, werden in der App Bilder und Grafiken eingefügt und gezeichnet.
3. Die Story proben, man übt das Ganze, auch mit Blick in die Kamera.

4. Jetzt geht es richtig los. Du startest die Kameraaufnahme und die Aufnahme am Tablet Computer. Hier findest du eine Anleitung für Apple (Apple: 181) und Google (Google: 181).
5. Du erzählst deine Story und stoppst anschließend beide Aufnahmen.
6. Du überträgst beide Aufnahmen auf deinen Rechner (Mac, PC, ...). Dort startest du einen Videoeditor und legst das Kameravideo (Greenscreenaufnahme) auf die eine Spur und auf die andere das Tablet-Computer-Video. Die Greenscreen Aufnahme bearbeitest du und stanzt die grüne Farbe aus, zum Beispiel bei Clipchamp – Filter – Green Screen. Bei iMovie am MAC nutzt du den Greenscreen-Effekt. Danach solltest du dich über dem gezeichneten Video sehen und passt noch die Größe an.
7. Anschließend das Video exportieren und am besten als MP4 speichern, sodass du es in deine Präsentation laden kannst.
8. Tipp: Man sollte darauf achten, dass die Kamera den Ton gut aufnimmt. Wenn der zu schlecht sein sollte, muss die Kamera näher gerückt oder ein extra Mikrofon eingesetzt werden.

Ein Beispiel und ein mögliches Vorgehen findest du bei »Magda liebt Mathe«.

51 | Zeichnen und Reden

https://youtu.be/3MtQFD8DkOE

8.10 Beispiel Erklärfilm in PowerPoint erstellen

Mit den Funktionen in PowerPoint gelingt es schnell, einfache Erklärfilme zu erstellen. Angefangen von Whiteboard Animationen bis hin zu 3-D-Animationen.

Hier zeige ich dir im Folgenden, wie man schnell ein Collage-Erklärfilm mit PowerPoint erstellen kann. Die PowerPoint Version sollte 365 oder 2019 aufwärts sein. Die Präsentation findest du auch im Download-Bereich. Die Story nehme ich als gegeben an.

1. Start mit einer Präsentation mit leerem Folienlayout.
2. Über Menü »Einfügen – Archivbilder – Ausgeschnittene Personen«. Hier wählst du deine Darsteller aus. Das Gute ist, wenn man auf einen Namen klickt, werden alle Posen der Person angezeigt. Merke dir am besten den Namen. Füge die erste Person ein.
3. Lege die Person außerhalb der Folie ab.
4. Füge noch ein weiteres Element auf dieser Folie ein. Wähle dazu »Einfügen – Bilder – Online-Bilder«. Suche zum Beispiel nach »Cut-out-Auto« oder »Cut-out-Schuh«. Füge das Bild auf der Folie ein, indem du »Einfügen« klickst. Verschiebe das Objekt außerhalb der Folie.
5. Dupliziere die Folie (in der Navigation links – Folie anklicken und rechte Maustaste – Folie duplizieren wählen).

52 | Gemorphte Übergänge 1

6. Klicke die neue Folie an.
7. Beim Hauptmenüpunkt »Übergänge« stellst du für den Folienübergang »Morph« ein. Die Dauer änderst du von zwei Sekunden auf ein Sekunde. Schiebe die Person und das Objekt auf die Folie. Bei Bedarf kannst du auch die Größe ändern. Bei dem Button »Vorschau« kannst du sehen, wie schnell die Person auf die Folie kommt und kannst so die Zeiten anpassen.

53 | **Gemorphte Übergänge 2**

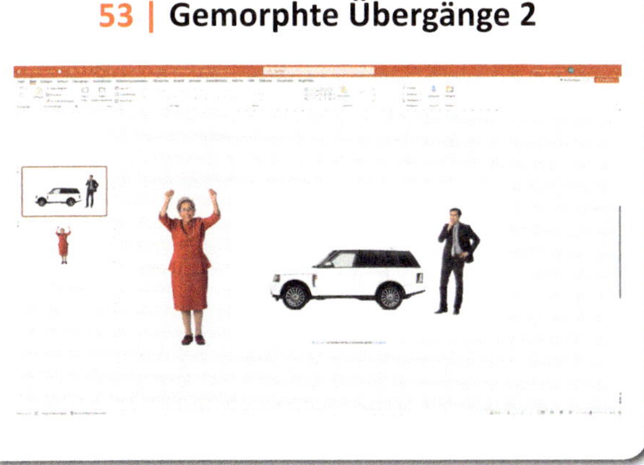

8. Füge auf dieser Folie eine weitere Person ein und lege sie wieder außerhalb der Folie ab.
9. Dupliziere die Folie und verschiebe die erste Person und das Objekt wieder außerhalb der Folie. Schiebe die zweite Person auf die Folie und passe eventuell die Größe an.

54 | **Gemorphte Übergänge 3**

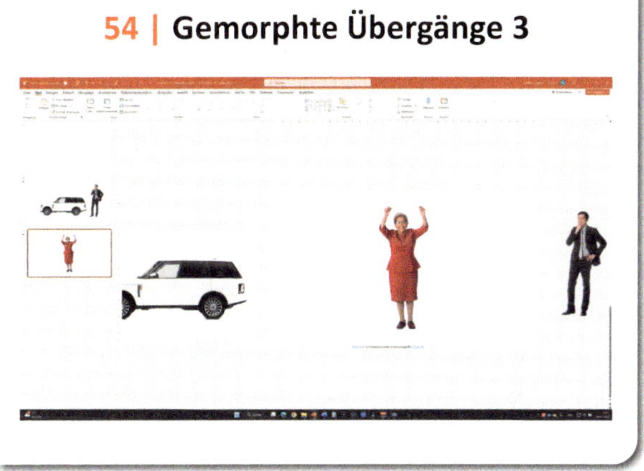

10. Mit »Übergänge – Vorschau« kannst du die Animation überprüfen.

11. Bei Bedarf kannst du weitere Folien und Bilder einfügen.
12. Speichere die Präsentation spätestens jetzt.
13. Im nächsten Schritt zeichnen wir die Sprache und eventuell auch die Webcam auf. Starte die Aufzeichnung über den Hauptmenüpunkt Bildschirmpräsentation – Aufzeichnen – Von Beginn an. Jetzt erscheint ein neues Menü und hier kannst du verschiedene Parameter einstellen, zum Beispiel Webcam aufzeichnen und so weiter. Drücke dann den roten Knopf und starte die Aufzeichnung. Klicke Folie für Folie durch und erzähle die Geschichte. Am Ende stoppst du die Aufzeichnung. Du kannst jetzt nochmal in den Bearbeitungsmodus zurückkehren oder direkt das Ganze als Video exportieren. Im Bearbeitungsmodus kannst du noch Anpassungen vornehmen.
14. Willst du die Präsentation als Video exportieren, kannst du auch über »Datei – Exportieren – Video erstellen« gehen.

Den gerade erstellten PowerPoint-Erklärfilm kannst du in eine andere Präsentation als Video importieren aber auch in Social Media, YouTube und so weiter verwenden. Wie schon angesprochen, kannst du mit PowerPoint auch die anderen Stile realisieren.

8.11 Zusammenfassung

Es gibt eine große Auswahl an Stilen und ständig kommen neue hinzu. Illustrative Stile findet man in Social Media, Printmedien, Fernsehsendungen, Websites oder überall sonst, wo es Bilder und Videos gibt. Inspiration ist immer von Vorteil, und die meisten Stile können auf Erklärfilme und -präsentationen angewendet werden.

Die Entscheidung, welchen du wählen möchtest, kann mitunter schwierig sein. Deshalb ist es wichtig, dass du von Anfang an weißt, was du erklären willst und für wen deine Präsentation bestimmt ist. Natürlich spielt auch der Kontext eine Rolle.

Effekte – Special Effects als Überraschung und Hingucker

Spezialeffekte sind visuelle oder akustische Elemente, die dazu dienen, die Aufmerksamkeit der Zuschauer zu fokussieren und emotional und spannend zu präsentieren. Sie können beispielsweise in Form von animierten Grafiken, wie Lichtblitz, Leuchten, ... oder Soundeffekten, wie Zischen, auftreten.

Spezialeffekte werden in Spielen häufig eingesetzt, um bestimmte Aktionen oder Ereignisse zu verdeutlichen oder hervorzuheben, wie beispielsweise das Erreichen eines bestimmten Zieles (»Pling« und kurzes Aufleuchten eines Pokals) oder die Verfügbarkeit einer Belohnung (»Ding-Dong« – und eine Schatzkiste erscheint).

Es ist wichtig, dass die Spezialeffekte im Rahmen von Gamification gut integriert werden und sinnvoll eingesetzt werden, um Themen zu verankern, als auch die Motivation und die Beteiligung der Zuschauer zu fördern. Zu viele oder unpassende Spezialeffekte können ablenkend wirken und den erlebten Vortrag beziehungsweise die Präsentation für die Zuschauer konterkarieren.

So gab es mal einen Fall, bei dem der Einsatz eines Special Effects deutliche Auswirkungen auf die Karriere des Referenten hatte. Er hatte sich die Präsentation von seinem Grafiker erstellen lassen, der PowerPoint gut, aber nicht sehr gut kannte.

Kurz nach Beginn des Vortrag sollten einige Folien automatisch durchlaufen, quasi eine Art Diashow mit vielen Bildern in kurzer Zeit. Der Referent klickte und die Diashow startete. Bei jedem Folienübergang gab es einen Fotoklick. Der Effekt passte, da es nur Bilder waren. Die Diashow war vorüber und der Referent erzählte weiter, er klickte und es gab jedes Mal das Klickgeräusch – so laut, dass es sehr störend und unangenehm war. Nach circa gefühlten zehn Fotoklicks, stand der CEO des Unternehmens auf und stoppte den Vortrag. Der Referent musste die Bühne augenblicklich verlassen und ward seitdem nie wieder auf den Bühnen des Unternehmens gesehen. Ich weiß nicht, ob die Karriere damit beendet war, auf jeden Fall hatte hier ein kleiner Fehler für großes Unbehagen gesorgt. Das Learning daraus: Teste deine Prä-

55 | Special-Effect-Anmutung

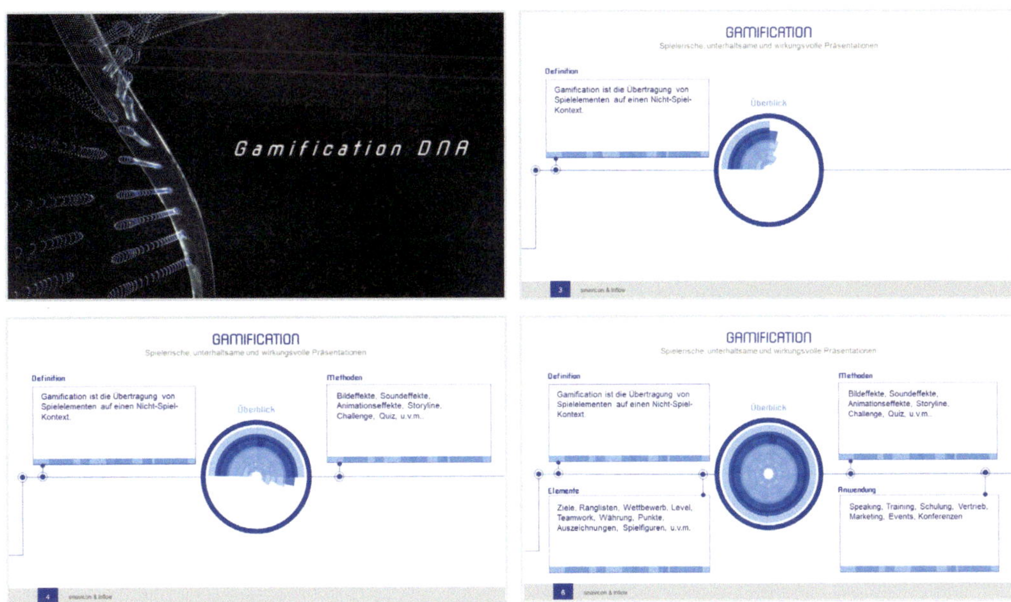

Strategiepräsentation mit Gamification Elementen, wie rotierender DNA-Strang, Linien mit Kreisen und Radarschirm.

sentationen und nicht nur die Inhalte, sondern auch den Ton. Jetzt sieht es so aus, als wären Spezialeffekte der Karrierekiller. Dem ist nicht so! Wir haben sehr viele Präsentationen erstellt, bei denen diese Effekte die Karriere befördert haben. Warum? Weil sich die Präsentationen von anderen unterschieden haben und für Aufmerksamkeit gesorgt haben. Nicht nur die Inhalte, auch der Referent blieb besser im Gedächtnis.

Ein Beispiel: Wir bekamen den Auftrag, eine neue Unternehmensstrategie zu visualisieren und als Präsentation für einen Geschäftsführer auszuarbeiten. Ziel war es, die Mitarbeiter zu begeistern und dafür zu sorgen, dass die neue Strategie Zustimmung fand. Für diese Präsentation nutzten wir Gamification.

Wir bauten einen DNA-Strang (Alpha-Doppelhelix) nach. Der Strang sollte die DANN (die genetische Quelle) der Firma darstellen. Quasi der Strang aus dem sich die Strategie ableitet. Die Doppelhelix bauten wir mit Leuchteffekten und coolen Animationen in die Präsentation ein. Zudem nutzen wir kleine Kreissegmente wie auf einem Radarschirm, die sich drehen, um Textfelder und Grafiken ein- und auszublenden. Die Präsentation wurde gehalten und war ein voller Erfolg. »Mission accomplished« – Auftrag erfüllt.

In Präsentationen werden Spezialeffekte insbesondere eingesetzt, um die Aufmerksamkeit der Zuschauer auf bestimmte Bereiche der Folie zu lenken und so den Fokus zu steuern. Beispielsweise, um in Diagrammen, Bildern oder Grafiken einen Teil hervorzuheben. Eine weitere Möglichkeit ist die Gestaltung des Folienübergangs zwischen verschiedenen Folien, um so dynamischer und unterhaltsamer zu präsentieren. Der Effekt sollte sehr kurz, also nicht länger als drei Sekunden dauern, um nicht störend zu wirken. Wenn mit dem Effekt ein Abschnittswechsel oder Themenwechsel eingeleitet wird, lernt der Zuschauer, dass hier ein neuer Abschnitt kommt. Wechselt man jedoch nur die Folie mit einem neuen Übergang, gibt es keine Systematik und viele empfinden den Effekt als Spielerei und überflüssig. Auch hier gilt, lieber wenige, aber pfiffige Übergänge in der Präsentation als auf jeder Folie einen neuen ablenkenden Übergang.

9.1 Worauf sollte bei Spezialeffekten in Präsentationen geachtet werden?

Bei der Verwendung von Spezialeffekten in Präsentationen sollte man darauf achten, dass die Präsentation zielführend ist:

1. Berücksichtige den Zweck und das Ziel deiner Präsentation

Überlege, welche Wirkung der Spezialeffekt auf dein Publikum haben soll und wie dadurch die Gesamtbotschaft deiner Präsentation verbessert werden kann.

2. Integriere Spezialeffekte sinnvoll

Stelle sicher, dass die Spezialeffekte gut in die Präsentation integriert sind und einen Erlebnisfaktor oder Mehrwert bieten. Vermeide Spezialeffekte, nur um das Erlebnis der Präsentation aufregender zu machen, ohne dass sie einen sinnvollen Bezug zum Inhalt der Präsentation haben. Zum Beispiel: Deine Präsentation nutzt als Metapher den Weltraum, Planeten, Raumschiffe und vieles mehr – dann sind Lasereffekte, Antriebe und so weiter sicherlich sinnvoll. Was aber nicht passen würde, wären Effekte aus Wild-West-Filmen.

3. Verwende nicht zu viele Spezialeffekte

Zu viele Spezialeffekte können vom Thema ablenken. Verwende daher nur so viele Spezialeffekte, wie notwendig und vermeide den übermäßigen Einsatz. Beispielsweise, wenn es auf der Folie überall flackert, so wie auf dem Times Square in New York, sind die Zuschauer überfordert. Sie wissen nicht, wohin sie zuerst schauen sollen. Die klare Aufmerksamkeitssteuerung fehlt.

4. Bewerte den Grad der Komplexität der Spezialeffekte

Stelle sicher, dass du einen Spezialeffekt auswählst, der für dein Publikum nicht zu komplex oder kompliziert ist. Zum Beispiel: Du wählst als Spezialeffekt ein Laserschwert, was bestimmte Aktionen auf der Folie auslöst, zum Beispiel Erscheinen eines Textes oder Ähnliches – solange der Zuschauer dem Schwert gut folgen kann, passt das. Erscheinen jedoch zehn Schwerter auf der Folie, die die Farbe wechseln und dreimal irgendwo hinschlagen bevor eine Textbox aufgeht, ist das zu komplex und überfordert. Man muss immer berücksichtigen, es ist eine Präsentation und kein Spiel. Bei einem Spiel bin ich als Spieler aktiv und verbringe viel mehr Zeit damit. Eine Präsentation ist dagegen viel kürzer als ein Spiel und weniger interaktiv.

5. Achte auf die Qualität der Spezialeffekte:

Verwende pfiffige und hochwertige Spezialeffekte, die gut funktionieren. Billige oder schlechte Spezialeffekte können die Präsentationswirkung negativ beeinflussen. Beispiel: Du nutzt einen Folienübergang, der stark ruckelt oder einen Soundschnipsel, der in den Ohren quietscht, das ist mit Sicherheit sehr störend.

6. Berücksichtige die Vorlieben der Zuschauer

Bedenke, dass nicht alle Zuschauer die gleichen Vorlieben haben, was die Verwendung von Spezialeffekten betrifft. Beispiel: Wenn du einen Vortrag zum Thema »Die Zukunft des Automobilbaus« hältst und du verwendest Special Effects, die mit der Tiefe des Ozeans zu tun haben, muss man schon einen ganz schönen Bogen spannen, damit das funktioniert. Hast du jedoch ein Thema, was mit Meer zu tun hat, passen sicherlich die Effekte der Tiefsee.

7. Teste die Spezialeffekte vor der Präsentation

Wie schon eingangs erwähnt, stelle sicher, dass alle Spezialeffekte reibungslos funktionieren, bevor du mit der Präsentation beginnst. Es gibt nichts Schlimmeres, als während der Präsentation mit technischen Problemen zu kämpfen.

8. Berücksichtige die Kompatibilität des Spezialeffekts mit deinem Equipment beziehungsweise dem Equipment, auf dem die Präsentation abläuft. Stelle sicher, dass jeder Spezialeffekt auf der Hardware und dem Betriebssystem funktioniert. Es gibt Effekte, die laufen nur auf Geräten mit einer tollen Grafikkarte. Andere wiederum brauchen wenig Ressourcen. Manche Effekte werden auf der Hardware nur ruckelnd oder gar nicht erst abgespielt.

9. Berücksichtige den Zeit- und Kostenaufwand für die Implementierung des Spezialeffekts
Achte drauf, dass du genügend Zeit und eventuell auch Budget für die Erstellung und Umsetzung zur Verfügung hast. Beispiel: In deiner Präsentation willst du zeigen, dass viel Zeit verbrannt wird. Der animierte Effekt kann richtig aufwendig sein und viel Zeit kosten.

9.2 Was ist VFX?

VFX (fx wird ef-eks gesprochen) steht für Visual Effects, deutsch: visuelle Effekte. Dabei handelt es sich um computergenerierte Bilder (CGI) oder veränderte reale Bilder, die in Spielen, Filmen, TV-Shows, Werbespots oder anderen Medienprodukten verwendet werden, um ein bestimmtes visuelles Ergebnis zu erzielen. VFX können beispielsweise verwendet werden, um fantastische Welten oder Kreaturen zu erschaffen, die in der Realität nicht existieren, oder um bestimmte Szenen oder Ereignisse zu simulieren, die sonst nicht möglich wären oder zu teuer wären, um sie tatsächlich zu filmen. Die Verwendung von VFX hat in den letzten Jahren zunehmend an Bedeutung gewonnen und hat dazu beigetragen, dass viele Filme und TV-Shows heute noch spektakulärer wirken.

9.3 Worauf kommt es bei VFX an?

Bei VFX gibt es einige interessante Aspekte, die man kennen sollte. Das YouTube-Video: »How the Visual Effects In Games Actually Work« (*youtu.be/gPiRUmVFZ1o*) erklärt die Aspekte sehr gut. (Der Link ist auch in der digitalen Playbox zum Buch zu finden). Darunter fallen folgende:

Form

Wie ist die Form von einem Effekt gebaut? Beispielsweise ein Punkt, ein Quadrat, eine Linie und so weiter. Diese Grundform ist für den Effekt wichtig. Zum Beispiel: Ein leuchtendes Rechteck kann schmaler und breiter werden. Wird es schmaler, ist es eher ein Laserschwert, wird es breiter eher der Durchgang zu einer anderen Welt.

Kontrast

Der Kontrast muss groß genug sein. Ein dunkler Hintergrund biete sich bei Spezial Effekten wie Feuer, Rauch oder Licht an. Auf weißem Hintergrund funktionieren dagegen Wasser- und Welleneffekte besser.

Color

Farben haben Signalwirkung. Ein roter Leuchteffekte hat eine andere Bedeutung als ein grüner. Rote Effekte sind fast immer mit Aktivität, Gefahr, Kraft und Leidenschaft verbunden. In der Natur steht Rot für Warnung und Anziehungskraft. Grüne Effekte mit Vitalität, zum Beispiel Energiestatus, Frische, Erneuerung, Wachstum und Freiheit. Blaue Effekte mit Kraft, Ressourcen, Stärke, Vertrauen, Verlässlichkeit, Souveränität. Weiße Effekte sind neutral und funktionieren gut bei ausreichendem Kontrast,

Timing

Timing meint den zeitlichen Verlauf des Effekts. Dazu gehört Geschwindigkeit, aber zum Beispiel auch das Blinken. Ein Auto auf einer Folie kann über eine Zeit von drei Sekunden gleichmäßig animiert werden, das heißt von der ersten bis zur letzten Sekunde besitzt es die gleiche Geschwindigkeit, sogenannter linearer Verlauf. Wenn wir uns jedoch die Realität anschauen, beschleunigt das Auto bis zu einer Maximalgeschwindigkeit und bremst zum Schluss ab. Das bedeutet, die Geschwindigkeit verändert sich im Zeitablauf. Man spricht hier auch von Ease-in,-ease-out-Verhalten. Das bedeutet, damit ein Effekt gut wirkt, darf die Animation nicht linear sondern beschleunigt und entschleunigt stattfinden.

Kontextorientiert

Der Effekt muss in Bezug zum Thema stehen. Als Zuschauer muss ich erkennen, der Effekt gehört zu einem Thema, einer Aussage, einer Botschaft et cetera. Zum Beispiel: Es gibt einen Leuchtschein, der an einem Text entlangfährt. Dann muss für den Zuschauer klar sein, das ist ein ganz besonderer Text und dieser Text ist wichtig. Oder: Der Nebel, der verschwindet, taucht immer dann auf, wenn ein Geheimnis gelüftet wird. – Ein Funkenflug auf der Folie signalisiert, jetzt kommt eine wichtige Erkenntnis. – Ein Laserschwert teilt die Folie in zwei Hälften, jetzt weiß der Zuschauer, es werden Vor- und Nachteil gegenüber gestellt. Werden diese Punkte bei visuellen Effekten berücksichtigt, kann man davon ausgehen, dass die Grundlage für eine gute Präsentationswirkung gelegt ist. Setzt man diese allerdings übermäßig ein, überfordert das den Zuschauer. Setzt man zu wenig VFX ein, wird es schnell langweilig. Die richtige Mischung macht's. Es spielen natürlich noch weitere Faktoren eine Rolle, aber hiermit werden achtzig Prozent des Erfolgs erzielt.

9.4 Von Feuer und Wasser – das visuelle Augenpulver

Es gibt viele verschiedene Arten von Spezialeffekten, die in der gamifizierten Präsentation eingesetzt werden können. Einige Beispiele für solche Effekte sind:

- Animierte Grafiken: Die Animation lenkt die Aufmerksamkeit auf einen bestimmten Bereich der Folie etwa ein Pfeil, der leuchtet oder ein Lauflicht oder ein animierter Stern.
- Farbveränderungen heben bestimmte Ereignisse oder Aktionen hervor.

- Pop-up-Nachrichten wie beispielsweise für Hinweise oder Tipps.
- Transparenz-Effekte heben bestimmte Elemente hervor.
- Folienübergänge: Pfiffige Übergänge schaffen eine kleine Entspannung und machen neugierig auf die kommende Folie. Die meisten von uns kennen solche effektvollen Transitionen vom Fußball. Hier wird häufig der Ball oder das Logo der Meisterschaft (WM, EM, Uefa, Championsleague) in den Mittelpunkt gestellt und blendet eine neue Szene ein.

Um besser zu verstehen, wie Spezialeffekte in der Praxis funktionieren, werfen wir einen Blick auf einige VFX Beispiele:

Elemente der Erde:

- Rauch kann verwendet werden, um Atmosphäre zu schaffen und einer Szene Realismus zu verleihen;
- Feuer wird oft verwendet, um einer Szene Spannung und Aufregung zu verleihen;
- Blitze können verwendet werden, um dramatische Lichteffekte zu erzeugen;
- Wasserwellen können verwendet werden, um Wasserbewegungen zu simulieren;
- Explosionen werden oft verwendet, um einer Szene Spannung zu verleihen;
- Lava – fließende Ströme, können Dinge enthüllen oder verhüllen;
- Nebel kann Dinge verschleiern und zum Vorschein bringen;
- Lichtstrahl oder Spotlight beleuchtet einen bestimmten Bereich auf der Folie;
- Verformungen: Objekte auf der Folie verformen sich und werden zu etwas neuem oder geben der Folie eine andere Aussage. Zum Beispiel wenn sich ein Auto in ein Flugzeug morpht, ist das spannend;
- Stop-Motion-Animationen: Das ist wie ein Daumenkino nur mit realen Objekten oder Puppen, die Bild für Bild fotografiert und anschließend in schneller Folge abgespielt werden. Eine Anleitung dazu findet sich hier: *youtu.be/KS8PMnAKJL4*.

9.5 Beispiele

Spotlight

Ein Klassiker der Spezialeffekte ist das Spotlight. Das Spotlight funktioniert gut auf dunklen Hintergründen und kann animiert für eine beeindruckende Wirkung sorgen.

56 | Spotlight in verschiedenen Formen und Farben

Leuchtpunkteffekt

Ein leuchtender Punkt fährt über ein Element, wie Text, Bild oder Diagramm. Das erzeugt große Aufmerksamkeit und macht den Inhalt interessanter und wertvoller.

57 | Leuchtpunkt von links nach rechts

Feuereffekt

Feuereffekte gibt es in Film und Spielen en masse. In Präsentationen sieht man das eher weniger, dennoch kann es an der ein oder anderen Stelle spannend sein – vor allem, wenn ein Bezug zum Thema hergestellt werden kann. Im Präsentationsprogramm Keynote von Apple gehört der Feuereffekt und der Raucheffekt seit Jahren zum Standardrepertoire.

Gerade Feuer, was sich bewegt, wirkt auf uns magisch anziehend. Man stelle sich einen Grillabend mit Bier und Wein am Strand mit Feuer vor. Gerne sitzt man am Feuer und schaut gebannt in die Flammen, wie es schon die Steinzeitmenschen getan haben.

In dem Beispiel hier wischt das Feuer den Text ins Bild beziehungsweise enthüllt Schriftzug, Diagramme und oder den Monitor.

58 | Feuer enthüllt Texte, Diagramme und Bilder

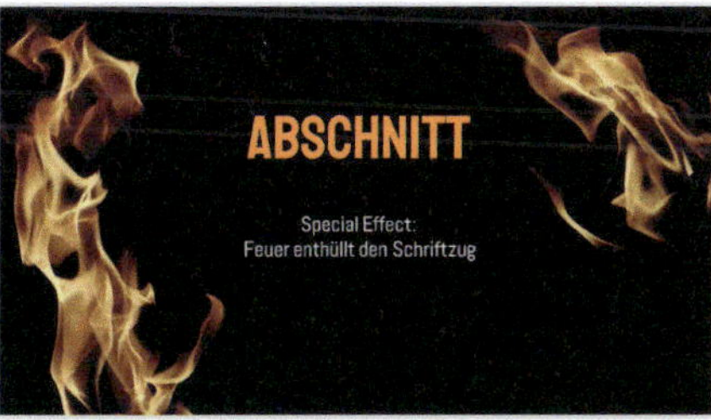

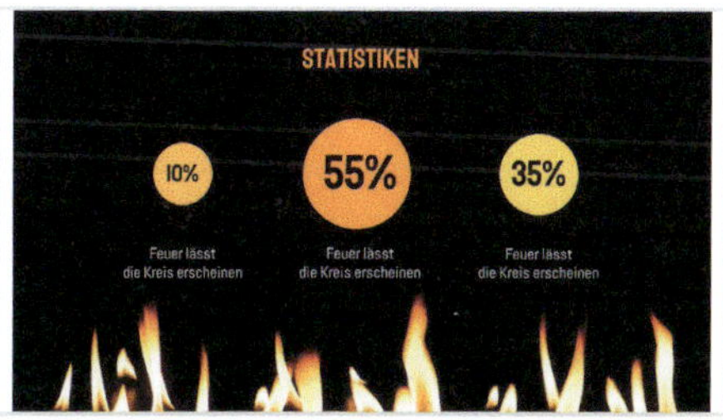

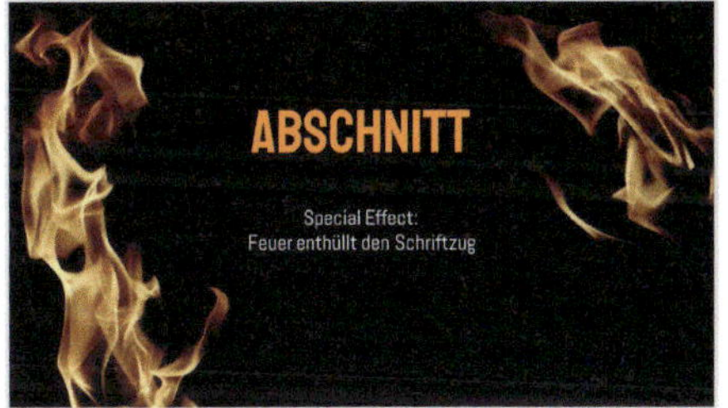

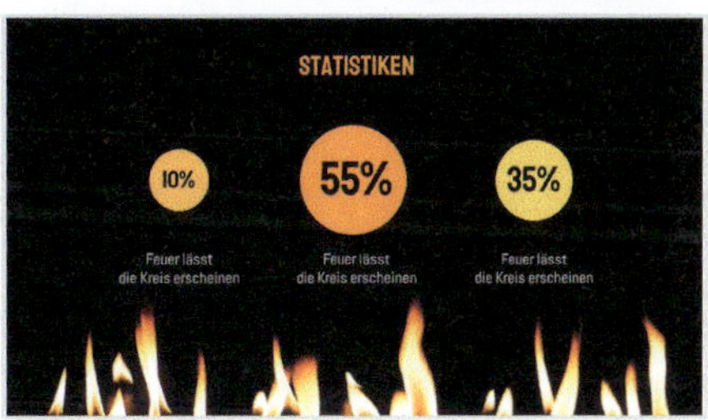

Glitch-Effekt

Der Glitch-Effekt ist ein visueller Effekt, der durch die Verfälschung oder den Fehler in digitalen Daten verursacht wird. Es kann absichtlich in der Kunst, der Fotografie, dem Design und der Musik verwendet werden, um einen futuristischen oder verstörenden Look zu erzielen. Der Effekt kann durch Software-Fehler, Fehler bei der Übertragung von Daten oder durch das Manipulieren von Daten erzeugt werden.

Der Glitch-Effekt kann in verschiedenen Formen und Ausprägungen auftreten, zum Beispiel:

- Pixelfehler: Hierbei treten Fehler in den einzelnen Pixeln eines Bildes auf, was zu verzerrten oder verfälschten Bereichen führen kann.
- Farbfehler: es treten ungewöhnlichen Farbmischungen oder Farbverschiebungen auf.
- Verzerrungen: in Form, Größe und Ausrichtung werden Objekte im Bild verzerrt.
- Textfehler: Fehler bei der Anzeige von Text, wie etwa unleserliche Buchstaben oder verzerrter Text.
- Audiofehler: Hierbei kann es zu Störgeräuschen, Verzerrungen oder ungewöhnlichen Klangmustern kommen.

Der Effekt ist abgeleitet von dem schlechten Funkempfang beim Satellitenfernsehen oder beim Radio in früheren Zeiten. In Science-Fiction wird der Effekt benutzt, um Störungen bei der Übertragung zu zeigen. Der Effekt wird besonders stark, wenn der Glitch animiert und in der Bewegung mit allen Fehlern auftritt.

In Präsentationen kann der Effekt beispielsweise sinnbildlich für Störungen, Fehler, Defektes, nicht in Ordnung, ... genommen werden. Etwa der Markt, das Produkt oder der Workflow funktioniert nicht mehr. Die Zuschauer werden im wahrsten Sinne des Wortes wachgerüttelt und merken, es geht um etwas Herausforderndes.

Alternativ kann der Glitch-Effekt auch künstlerischer verwendet werden. Hier steht die Ästhetik und die Spannung im Vordergrund. Etwa eine Intro-Präsentation zu

59 | Animierter Glitch-Effekt

einem Thema, bei dem es um eine neue Zeit, ein neues Produkt, ... geht. Sinnbildlich hier, wir sind noch in einem Zustand der Entwicklung. Etwa das neue Produkt ist in der Entwicklung, hier sind schon die ersten Eindrücke.

Stern- und Kreiseffekt

Als Sterneffekt bezeichnen wir es, wenn Sterne aufblitzen. In Präsentationen sind das letztlich keine echten Sterne sondern Linien, die sternförmig auseinander gehen, größer werden und mit zunehmender Größe wieder verschwinden. Das Ganze läuft innerhalb von ein paar Sekunden ab.

Bei Kreisen oder Ringen ist es dieselbe Animation. Der Kreis wird größer und verschwindet mit zunehmender Größe. Der Effekt lässt sich sehr gut einsetzen, beispielsweise:

60 | Stern- und Kreiseffekt

- Hervorhebung: Man betont bestimmte Bereiche der Folie.
- Radarsymbolik: Die Kreise, die größer werden, erinnern an Schallwellen und stehen als Symbol für »Hier passiert gleich etwas ...«
- Wichtig ist hierbei, den Effekt nur ein oder zwei Mal abzuspielen. Andernfalls nervt das die Zuschauer.

9.6 Quellen für VFX

Präsentationsprogramme, wie PowerPoint bietet die Möglichkeit, Effekte wie Spotlight, Leuchteffekte und so weiter zu erstellen. Darüber hinaus lassen sich fertige Leuchteffekte, Feuer, Rauch und so weiter in Bild- und Videodatenbanken finden.

Kostenfreie Archive:

- FlickR – *www.flickr.com*
- Wikimedia – *www.wikimedia.de*
- Microsoft Videoarchiv (in Office enthalten)
- Animierte-gifs.net – *www.animierte-gifs.net*
- Giphy – *giphy.com*
- gfycat – *gfycat.com*

Teilweise kostenfreie Archive:

- Pixabay – *pixabay.com/de*
- Pexels – *www.pexels.com/de-de*
- Freepik – *de.freepik.com*

Kostenpflichtige Archive:

- Shutterstock – *www.shutterstock.com/de*
- iStockphoto – *www.istockphoto.com/de*
- Adobe Stock – *stock.adobe.com/de*

9.7 Von Bling zu Blang – der auditive Verstärker

Ein Special-Effects-Designer hat mal gesagt: »Der beste Soundeffekt ist der, den du mit deinem Mund machen kannst«. Klar, wenn ich ein Raumschiff am Computer animiere und dann dazu zische, wirkt die Animation gleich zweihundert Prozent besser. Spaß beiseite, so ganz Unrecht hat er nicht, denn man bekommt ein Gefühl dafür, wie gut etwas funktioniert und bekommt eine Vorstellung im Kopf, wie es wirken soll. Soundeffekte können verwendet werden, um bestimmte Animationen oder Aktionen hervorzuheben, wie beispielsweise das Erreichen eines bestimmten Zieles (»Tata« – und der Pokal erscheint) oder die Verfügbarkeit einer Belohnung (»Pling« – hier ist sie). Tatsächlich ist es so, dass Soundeffekte einen Unterschied machen. Wir haben in Präsentationen subtile Geräusche eingesetzt, die von den meisten Zuschauern nur unbewusst wahrgenommen werden, aber die Aufmerksamkeit steigen lässt. In Verbindung mit einer Hintergrundmusik entfalten die Audioeffekte ihre volle Wirkung.

Hier ein paar Einsatzgebiete für Soundeffekte: sie können die Aufmerksamkeit auf einen bestimmten Punkt, eine bestimmte Grafik oder einen bestimmten Absatz lenken. Oder die Präsentation unterbrechen und eine Pause oder neues Thema markieren.

Musik oder Soundeffekte werden verwendet, um eine bestimmte Atmosphäre und Emotion zu schaffen, zum Beispiel professionell, spaßig, entspannend, emotional, freudig, spannend, energetisch, traurig, ... Mit Musik lässt sich die Stimmung von Menschen innerhalb von Sekunden verändern. Stell dir einfach mal vor, du hörst einen meditativen Klang, der beruhigt und im Gegensatz dazu, eine brasilianische Sambatanzmusik, die Energie und Power ausstrahlt.

Ich habe mich vor Jahren mit Musikpsychologie beschäftigt und so schnell begriffen, dass Musik etwa in Filmen, Reportagen, Dokumentation oder Präsentationen bewusst eingesetzt werden kann, um bestimmte Gefühle zu erzeugen. Man weiß heute sehr genau, wie Musik komponiert sein muss, um das zu erreichen. Um ein Beispiel zu geben: Dur-Tonart und schneller Takt werden als motivierend und energetisch wahrgenommen, Moll-Tonart, langsamer Takt als beruhigend, eher traurig.

Hier ein paar Beispiele für Audioeffekte:

- Hintergrundstimmen verleihen mehr Realismus, zum Beispiel man sieht ein Bild von einem Büro auf der Folie und hört ganz leise Bürogeräusche und Konversationen von Büromitarbeitern;
- Zischeffekte, um animierten Elementen, wie einem Bild, einer Säule, einem Diagramm, ... mehr Wirkung zu verleihen und die Aufmerksamkeit dort hin zu lenken;
- Soundeffekte von einem Zug, Auto, Lkw, ... um eine Präsentation über die Verkehrsinfrastruktur zu untermalen;
- Regen für eine Präsentation über Wetterphänomene;
- Brand oder Sirene für eine Präsentation über Sicherheit;
- Sportstadion für eine Präsentation über Sportmarketing;
- Brodelnder Kochtopf für eine Präsentation über Ernährung;
- Hundebellen für eine Präsentation über Tierpflege;
- Krankenhausgeräusche für eine Präsentation über Gesundheit.

Quellen für Soundeffekte

- Atmosphäre aus eigenen Videos
- FindSounds.com ist eine Geräuschsuchmaschine
- Hoerspielbox.de
- Freesoundlibrary.com
- Zapsplat.com

Quellen für Musik

- Jamendo
- Terrasound
- DigCCmixter
- Free Music Archive
- YouTube Audiolibrary
- Cayzland
- Soundcloud
- Audeeyah
- Evermusic
- Musopen
- AudioMicro
- Frametraxx
- Mastertrack

9.8 Special-Effects in PowerPoint

Beispiel 1: Bild im Wasserglas

Auch PowerPoint bietet die Möglichkeit über ein Video, Bilder und Texte einzublenden. Bild und Text bleiben dann in der Präsentation jederzeit schnell änderbar, was ein Vorteil gegenüber zusätzlich verwendeten Videoeditoren und anderen Tools ist. Somit lassen sich rasch einfach Änderungen einpflegen.

Zum Beispiel: Auf einem Glas, was mit Wasser gefüllt wird, entsteht ein Bild – realisiert mit PowerPoint – Beispiel: Wie voll ist dein Glas mit Glück und Zufriedenheit? Ist dein Glas leer, also bist du unzufrieden? Oder dein Glas voll?

61 | Bild im Wasserglas

Beispiel 2: Squid-Game-Animation

»Squid Game« ist ein bekannter Film aus Südkorea, der sich großer Beliebtheit erfreut. Der Squid-Game Stil besteht daraus, dass Formen sich aufbauen, bewegen und schließen. Etwa ein Kreis, der sich öffnet oder ein Quadrat, das sich auflöst und die Linien weggleiten.

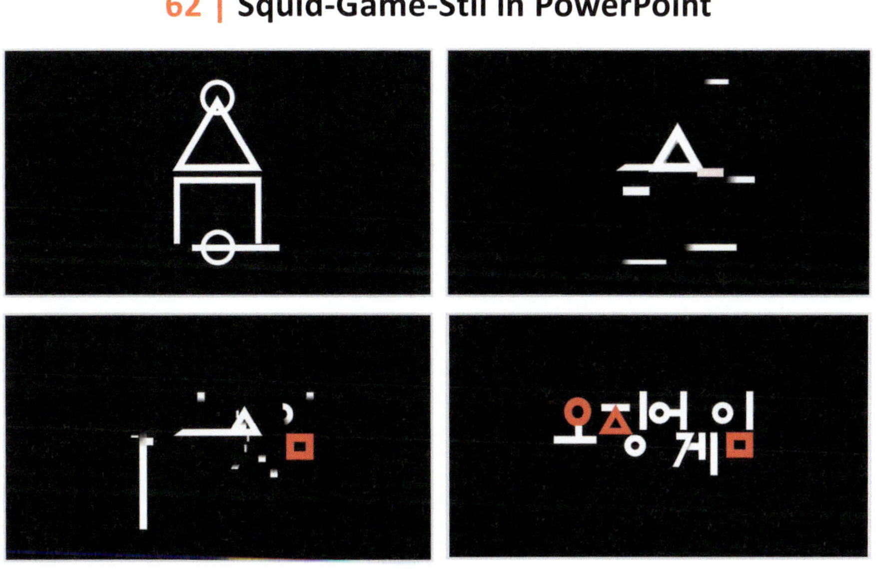

9.9 Zusammenfassung

Die Integration von Spezialeffekten in Präsentationen kann eine großartige Möglichkeit sein, die Wirkung einer Präsentation zu steigern und das Publikum effektiver einzubeziehen. Bei der Auswahl und Implementierung von Spezialeffekten ist es wichtig, Faktoren wie Zweck, Komplexität, Kompatibilität, Zeit und Kosten zu berücksichtigen, um sicherzustellen, dass sie in einer Präsentation effektiv eingesetzt werden. Mit guten Special Effects wird sich dein Publikum noch lange nach dem Ende deiner Präsentation an dich erinnern.

10 Interaktionen – Dialoge mit dem Publikum

Interaktionen im Gaming bezieht sich auf die Art und Weise, wie Spieler mit dem Spiel und anderen Spielern interagieren. Dies kann sowohl innerhalb als auch außerhalb des Spiels geschehen. Innerhalb des Spiels kann die Interaktion durch die Steuerung der Spielfigur, die Interaktion mit Objekten im Spiel und die Kommunikation mit anderen Spielern erfolgen. Außerhalb des Spiels kann die Interaktion durch die Kommunikation mit anderen Spielern in sozialen Medien, Foren und Communitys erfolgen.

Interaktionen im Spiel sind wichtig, um ihre Erfahrungen und Erfolge mit anderen zu teilen, sich gegenseitig zu unterstützen und zu helfen. Sie tragen auch zum Aufbau einer engagierten und aktiven Gemeinschaft bei. Interaktionen sind jedoch auch ein wichtiger Bestandteil jeder Präsentation. Sie ermöglichen so Führungskräften, Vertriebsmitarbeitern, Marketingmitarbeitern, Rednern, Trainern, Lehrkräften, ... ihre Zuhörer einzubeziehen und ihr Interesse am Thema zu wecken. Es gibt viele Arten der Interaktion: Fragen stellen oder beantworten lassen, Spiele ohne Technik, Spiele mit Smartphone, Murmelrunden, Aktionen und vieles mehr.

Diese Techniken helfen dir als Vortragendem nicht nur, deinen Vortrag interessanter zu gestalten und die Aufmerksamkeit der Zuhörer zu halten – sie helfen auch, Informationen besser zu vermitteln und mehr Engagement für den Inhalt des Vortrags zu schaffen.

10.1 Vorteile der Interaktion

Wie beim Spielen schaffen Interaktionen eine Verbindung zwischen dir als Referenten und dem Publikum und auch zwischen den Spielern beziehungsweise Zuschauern untereinander. Die Stimmung und Atmosphäre im Raum verändert sich durch gemeinsame Aktionen und schafft neue Erlebnisse und Erkenntnisse.

Als Referent ist es wichtig zu verstehen, wie du die Aufmerksamkeit des Publikums gewinnen kannst. Dafür stehen dir verschiedene Techniken zur Verfügung. Beispielsweise durch rhetorische Fragen, die das Publikum anregt, über die Frage nachzudenken, oder du lässt die Zuschauer den Platz im Raum wechseln, oder bindest das Publikum in interaktive Übungen ein. Es empfiehlt sich auch, vor oder während des Vortrags Feedback einzuholen, etwa eine Stimmungsfrage, »Wie ist Eure Stimmung? Mal Daumen hoch oder runter.« Du hast eine unmittelbare Rückmeldung und kannst so auch sehen, wie aufmerksam man dir gerade zuschaut. Vorteil: du kannst die Wirkung deiner Präsentation steuern und verstärken.

Es ist wichtig, ein starkes Vertrauensverhältnis zu deinem Publikum aufzubauen. Dies kann durch Interaktionen mit dem Publikum erreicht werden. Ziel ist es, eine Atmosphäre der Offenheit zu schaffen und die Kommunikation zwischen Vortragendem und Zuhörern sowie Zuschauern untereinander zu verbessern. Eine gute Interaktion fördert nicht nur das Engagement des Publikums, sondern liefert auch ein unmittelbares Feedback über den Erfolg der Präsentation. Sie hilft dir als Vortragendem, mehr über dein Publikum zu erfahren – was ihm gefällt oder missfällt – und so kannst du deine Präsentation an die Interessen der Zuhörer anpassen. Meistens habe ich in Vorträgen Back-up-Folien an Bord und kann so sehr schnell den Vortrag umschalten. Es ruft beispielsweise jemand dazwischen und fragt: »Spannend wäre ja auch zu sehen, wie 3-D-Modelle mit Gamification aussehen«. Ich weiß, ich habe dazu zwei Folien. Bei gleichem Interesse der anderen Teilnehmer, stoppe ich meinen Vortrag an der Stelle und bitte die Zuhörer einen Moment um Geduld, bis ich die Folien direkt auf der Präsentationsleinwand einblende. Wenn es die meisten Zuschauer nicht interessiert, vertage ich diesen Punkt auf den Schluss des Vortrags oder auf die Pause – je nachdem wie viel Zeit zur Verfügung steht.

Tipp: Wenn es sich um maximal fünfundzwanzig Back-up-Folien handelt, baue ich sie mit in die Präsentation ein. Bei mehr als fünfundzwanzig Folien habe ich eine Extra-Präsentation, in der ich auf der ersten Seite ein Schaltpult mit Buttons zu einzelnen Folien oder Folienabschnitten habe. Von dieser Folie kann ich per Mausklick per Button auf das Thema springen, etwa konkrete Beispiele, Argumentationen, Hintergrundinfos und so weiter. Dadurch bin ich sehr flexibel und kann schnell ohne großes Suchen agieren.

Ein wichtiger Faktor für den Erfolg der Präsentation ist die Glaubwürdigkeit des Referenten. Hierzu gibt es viele Faktoren, wie etwa den persönlichen Hintergrund, das Know-how, die Expertise durch Veröffentlichungen, Erfahrungswerte der Zuschauer aus früheren Begegnungen wie Diskussionen, Vorträgen und so weiter. Auch Interaktionen der Teilnehmer, wie zum Beispiel Ausprobieren des vom Referenten Behaupteten, haben nicht nur Unterhaltungswert, bringen Spaß und Aufmerksamkeit, sondern steigern auch richtig angewendet ebenfalls die Glaubwürdigkeit des Referenten. Gleichzeitig hat eine Interaktion einen didaktischen Vorteil für die Teilnehmer. Dinge werden besser behalten.

Der Zuschauer beschäftigt sich sehr konzentriert mit einem Thema und setzt sich damit auseinander. Das regt andere Hirnareale an im Vergleich zu einem Vortrag, bei dem nur der Referent spricht. Logischerweise ist der Zuschauer dann mehr involviert und konzentriert. Es gibt neben diesen Vorteil noch eine Reihe weiterer, wie beispielsweise die Effektivität der Präsentation evaluieren, einen Halo-Effekt oder die Steigerung der Motivation und vieles mehr.

10.2 Methoden und Techniken der Interaktion

Es gibt unzählige Interaktionsmethoden. Es gibt Klassiker, die ich und auch viele Referenten immer wieder gerne nutzen, aber auch immer wieder neue Ideen, meistens durch neue Technik oder Gadgets getrieben.

Ich könnte wahrscheinlich mehrere Bücher über Interaktionen schreiben, beschränke mich aber im Weiteren auf eine Auswahl, die aus meiner Sicht sehr gut im Vortrag funktioniert.

> Gadgets sind kleine technische Geräte oder Werkzeuge, die eine spezielle Funktion erfüllen oder eine Aufgabe erleichtern. Sie sind in der Regel tragbar und einfach zu bedienen. Bekannte Beispiele für Gadgets sind Smartphones, Tablets, tragbare Musikplayer, digitale Kameras, Fitness- oder Health-Tracker,...

Die großen Interaktionsbereiche sind Fragen und Umfragen, Einzelaktivitäten und Gruppenaktivitäten. Unterscheiden lassen sich auch technikgestützte und nicht technikgestützte Methoden. Dem Bereich Spiele mit den Zuschauern habe ich nochmal ein gesondertes Kapitel gewidmet und lasse das hier außen vor.

Fragen

Die richtigen Fragen sind der Schlüssel zur Interaktion mit dem Publikum. Das schafft Aufmerksamkeit und Verbindung. Die Präsentation bleibt interessant. Du kannst mit Fragen beispielsweise herausfinden, welche Themen besonders spannend sind oder überprüfen, ob bestimmte Ideen gut ankommen. Es gibt verschiedene Arten von Fragen, zum Beispiel offene oder geschlossene Fragen. Je größer das Publikum, desto besser ist es, wenn die Frage geschlossen ist, denn bei dreitausend Zuschauern im Saal, wird es schwierig, eine Antwort auf eine offene Frage zu bekommen. In kleinen Settings bei denen du die Zuschauer auch hinten im Raum gut hören kannst, kann man auch offene Fragen stellen. Nach meiner Einschätzung endet das bei circa fünfzig bis einhundert Teilnehmern.

Ein Klassiker für Fragen ist »Wer von euch/Ihnen hat schon mal die Nacht durchgespielt? Bitte mal die Hand heben.« Hierauf kann jeder einfach antworten, indem er die Hand hebt. Es geht schnell und aktiviert. Bei diesen Fragen ist es wichtig, dass du dir den genauen Wortlaut einprägst, ein falsches Wort und die Frage funktioniert nicht.

Beispiel: »Wer kennt das Thema Gamification beziehungsweise hat noch nichts davon gehört? Bitte mal die Hand heben.« Jetzt weiß der Zuschauer nicht, wofür er die Hand heben soll.

Umfragen

Umfragen während einer Präsentation können sehr nützlich sein. Die Teilnehmer können interagieren und ihre Meinung zu bestimmten Themen äußern. Dies kann direkt per Smartphone auf der Leinwand oder bei Online-Präsentation über den Monitor zu funktionieren. Am meisten Spaß macht es, wenn die Auswertung live erfolgt, also in der Sekunde nach der Eingabe durch den Zuschauer ist schon zu sehen, wie das Balkendiagramm oder eine Wortwolke wächst.

Einzel- und Gruppenaktivitäten

Einzel- und Gruppenaktivitäten ermutigen Zuschauer, sich noch mehr mit einem Thema auseinanderzusetzen. Hierzu zählen zum Beispiel stille Aufgaben für einen Einzelnen, über Mini-Aufgaben für zwei bis drei Teams, Spiele wie Bingo, wer wird Millionär und andere. Zum Beispiel: Du gibst eine Mini-Aufgabe an die Zuschauer, etwa »Bitte tausche dich mit deinem Nachbarn darüber aus, ob Gamification sinnvoll in Präsentationen eingesetzt werden kann. Ihr habt eine Minute Zeit.« Nach der abgelaufenen Zeit fragst du »Zu welchem Schluss seid ihr gekommen. Wer sagt Ja, Gamification ist sinnvoll? Bitte Hand heben«. Wenn die Hände oben sind, schätzt du schnell ab, wie viel Prozent der Hände oben sind und gibst direkt eine Rückmeldung an das Publikum, etwa »Ah, ich sehe, fünfundachtzig Prozent von euch stimmen zu.« Das machst du, weil die vorderen Reihen ja nicht sehen, wie viel Leute hinter ihnen die Hände gehoben haben und nicht jeder dreht sich um.

Du schlussfolgerst dann: »Das deckt sich mit einer Studie, die nahezu zum selben Ergebnis kommt« und fährst mit dem Thema fort.

Aktivitäten sind zudem auch eine wertvolle Technik, um Ideen und Brainstorming zu forcieren. Die Teilnehmer sollen etwa aufschreiben, welche Ideen sie zum Thema xy haben oder sollen ein Thema diskutieren. Indem die Teilnehmer ihre Ideen und Meinungen austauschen, lernen sie mehr über den Inhalt der Präsentation. Meistens gleichen sie ihre Erkenntnisse mit den Inhalten der Präsentation ab und verankern so das Ganze besser.

10.3 Beispiele für erfolgreiche Interaktion

Schauen wir uns doch mal einige interaktive Elemente für Präsentationen an, die du auch direkt in deinen Präsentationen testen und umsetzen kannst:

Gamifizierte Umfragen auf Folien mit direkter Auswertung

Beliebt sind technikgestützte Umfragen vor allen in Online-Sessions, wie Webinaren, Online-Vorträgen, ... aber auch in Präsenzvorträgen. Sie gelten als Garant für hohe Teilnehmeraufmerksamkeit und -beteiligung.

Die Zuschauer brauchen lediglich in Präsenz ein Smartphone oder Online reicht ein Browser beziehungsweise das Online-Tool (Zoom, Teams, Webex, ...) aus. Eine Umfrage ohne Auswertung lässt sich über eine Chat-Funktion der Online-Meetingtools realisieren.

Für die Interaktion gibt es eine Reihe von Umfragetools, siehe Liste unten, mit denen das mittlerweile sehr gut realisierbar ist. Vor allem sind mittlerweile schon viele Zuschauer daran gewöhnt. Der Vorteil solcher Umfragen sind schnelle Ergebnisse auf der Leinwand oder am Monitor (gerade bei Online-Sessions). Alle können die Antworten sofort sehen und selbst bewerten. Die Tools eignen sich für Schätzfragen, Wissensfragen, Ideensammlung und vieles mehr.

Prinzipiell sollte man dabei auf Folgendes achten, damit die Umfrage erfolgreich klappt:

- Fragen klar und präzise formulieren, um sicherzustellen, dass die Teilnehmer sie richtig verstehen.

- Art von Fragen richtig auswählen, zum Beispiel offene oder geschlossene Fragen. Am besten erst mal mit geschlossenen Fragen starten und später das Ganze mit offenen Fragen gestalten.
- Zeit für die Durchführung der Umfrage einplanen und sicherstellen, dass genügend Teilnehmer teilnehmen, um valide Ergebnisse zu erhalten.
- Datenschutzrichtlinien des Tools sorgfältig lesen und sicherstellen, dass die Ergebnisse der Umfrage vertraulich behandelt werden, falls es um sensible Daten geht.

Gamifizierung der Umfragen – prinzipiell gelten wieder die Grundprinzipien wie im Abschnitt ‚Grundprinzipien' bereits genannt. So lässt sich etwa das Spielkonzept als Umfrage, die Anmutung der Umfrage im Spielekontext oder die Umfrage mit computerspielerischen Elementen gestalten.

Hier einige Ideen für gamifizierte Umfragen:

- Eine Umfrage, bei der die Fragen sehr unterhaltsam sind, zum Beispiel: »Wie würdest du am liebsten sprechen? Wie DarthVader, Dieter Bohlen, Mai Thi Nguyen-Kim, Alina Abboud?« Die Idee dahinter ist, verschiedene Persönlichkeitstypen zu identifizieren. Oder »Welche Wildtiere passen am besten zu dir?« Elefant, Tiger, Leopard, Giraffe, Wal, Falke. Oder »Hast du schon mal mit einer Lampe gesprochen?« Ja, erst gestern – Ja, mache ich täglich – Nein, aber die mit mir – Nein, irgendwie nicht.
- Eine Umfrage, die grafische Elemente nutzt, zum Beispiel, die Abfrage des Wohnorts. Bei Online-Vorträgen kann man einen Link zu dem Online-Tool Padlet herstellen. In Padlet kann man eine Weltkarte zur Verfügung stellen und die Zuschauer können einen Pin setzen, wo sie gerade sitzen. Oder eine Skala, auf der man sich einordnen kann.
- Eine Umfrage mit Elementen, die sortiert werden müssen anstelle der klassischen Multiple Choice Abfragen. Dadurch lässt sich auch ein Ranking

abfragen. Beispiel: »Wie wichtig sind folgende Parameter für ein gutes Team?« Klare Ziele und Erwartungen, Offene Kommunikation, Vertrauen und Respekt, Diversität und Inklusion, Gemeinsame Erfahrungen und Aktivitäten, Feedback und Lernmöglichkeiten, Förderung der Teammitglieder, Rollen- und Verantwortungsklärung, Regelmäßige Teammeetings, Unterstützung durch Führungskräfte. Bei einer solchen Umfrage sind die Zuschauer viel stärker involviert als bei der klassischen Multiple Choice Umfrage, außerdem steigt der Spaßfaktor deutlich. Diese Art Umfragen lassen sich mit Tools wie SurveyMonkey und anderen realisieren.

Gamifizierte Handabfragen

Soll auf die elektronische Variante wie eben beschrieben verzichtet werden, kann man auf Handabfragen setzen. Hierzu werden die Fragen auf der Folie eingeblendet, danach lässt man die Zuschauer die Hand heben. Damit es spielerischer wird, kann man auch Karten, Bälle, Papier, Handy und so weiter heben lassen. Eine weitere Variante wären Lachsäcke, Pfeifen, Trommelstöcke, ... Die Gegenstände sollte man logischerweise beim Einlass schon verteilen oder auf den Plätzen ablegen. Auf jeden Fall ist mit den spaßigen Alternativen gleich sehr viel Energie im Raum, die Zuschauer lachen und sie nehmen etwas mit nach Hause.

Postings

Soziale Medien sind heutzutage allgegenwärtig und können für eine Vielzahl von Zwecken genutzt werden. So gut wie jeder ist bei einer Plattform angemeldet, wenn nicht sogar bei mehreren. Warum also nicht von dieser weit verbreiteten Präsenz profitieren, indem du eine Folie mit einer sogenannten Social Media Wall in deine Präsentation einbaust? Die Beiträge wie Texte, Bilder, Videos der Zuschauer erscheinen dann in Echtzeit auf deiner Social Media Wall Folie, und du kannst sie kommentieren und darüber sprechen. Die meisten Zuschauer freuen sich, wenn sie ihre Beiträge auf einer Folie sehen. Dafür gibt es eine Reihe von Apps (siehe Liste in Abschnitt 10.4). Das Vorgehen bei allen Apps ist dasselbe: Die Software sammelt alle Beiträge von verschiedenen Social Media Plattformen, die einen bestimmten Hashtag enthalten. Den Hashtag zeigst du auf deiner Folie. Bitte dein Publikum, während deines Vortrags unter einem bestimmten Hashtag Kommentare oder Bilder zu posten oder zu kommentieren, die für das jeweilige Thema relevant sind. Manche der Apps bieten mittlerweile auch schon Integrationen in PowerPoint an. Wenn das nicht möglich ist, kannst du die SocialWall über den Browser oder Standalone Software einblenden.

Abfrage mit Farben

Anstelle die Zuschauer nur die Hand heben zu lassen oder das Handy mit Taschenlampe leuchten zu lassen, kann man die Zuschauer auffordern, ein Webseite aufrufen zu lassen. Dort gibt es drei Buttons für grün, rot und gelb. Klickt man den Button an, wird die ganze Webseite komplett in der Farbe dargestellt. Sprich das Display des Handy leuchtet in der entsprechenden Farbe. Das übt man nun kurz mit den Zuschauern: »Bitte klicken Sie mal grün und zeigen Ihr Handy in Richtung Bühne«. Danach sollte der Raum sehr grün strahlen. Im nächsten Schritt übst du die anderen Farben. Anschließend startest du deine Interaktion.

Beispiele:
»Ich frage Sie jetzt nach Ihrer Meinung. Wenn Sie zustimmen, bitte das Handy mit grüner Farbe in Richtung Bühne halten. Im anderen Fall rot auswählen und gelb für, ich weiß nicht. Los geht's.«
»Wer mag Gamification?«
»Sind Kartoffeln gesund?«
»Wer war heute schon im Intranet?«

Soundabfrage

Die Rückmeldung aus dem Zuschauerraum erfolgt mit einem Laut. In der manuellen Variante lässt man das Publikum zum Beispiel mit einer Tierstimme antworten. Beispiel: »Ich möchte Ihre Meinung wissen. Das machen wir mit einer Tierstimme. Wenn Ihnen etwas gefällt, imitieren Sie den Laut eines Löwen ›rooooooarrr‹, und das Gegenteil ›Kuck-Kuck‹. Wir üben das mal ...«

Alternativ kann man auch Geräusche imitieren lassen, etwa Schiffshorn, Pfeifen, Schnipsen und viele mehr. Die elektronische Variante ist auch möglich und kann manchmal sogar noch viel lustiger sein. Du bittest dein Publikum, eine Soundeffekt-App zu starten (ideal, wenn die Teilnehmer diese schon vorher geladen haben). Dazu stehen eine Menge Apps in den Stores der jeweiligen Handy-Anbieter zur Verfügung. Beispiel Lustige Soundeffekte +, Soundeffekte, Instant Buttons und andere.

Im ersten Schritt lässt du die Teilnehmer jetzt mal alle Buttons ausprobieren. Das ist natürlich ein großes Tohuwabohu. Es ist dann viel Energie im Raum. Du stoppst nach ein bis zwei Minuten und lässt es ernst werden. Du startest mit der Probeabstimmung und suchst dir zwei konträre Soundeffekte aus, beispielsweise: die Autohupe und der Laserstrahl.

Was ich dir versprechen kann, es gibt immer Teilnehmer, die einen falschen Button drücken. Mit der richtigen Frage sorgt das für großes Gelächter.

Ausgelagerter Vortrag

Normalerweise stehst du vor dem Publikum und sprichst. Diesmal baust du eine Passage ein, die so ganz anders ist, als das, was man von einem Vortrag erwartet. Die Teilnehmer sehen auf der Leinwand einen Link oder QR-Code und sollen ihn aufrufen. Auf der Seite steht dann:

»Bitte lesen Sie diesen Text durch. Jetzt kommt der Text mit deinem Wissensinput oder Lerninhalt. Der sollte circa ein bis zwei Minuten Lesezeit haben. Am Ende des Textes steht »Sie haben den Text gelesen und damit ich weiß, dass Sie fertig sind, rufen Sie bitte »Krass, wie cool ist das denn?«

Variante: Anstelle des Textes, kann auch eine Präsentation oder ein Video abrufbar sein. Oder eine Mischung aus Text und Bilder. Der Vorteil des ausgelagerten Vortrags ist: die Teilnehmer nehmen etwas mit nach Hause und durch die ungewohnte Interaktion während des Vortrags wirkt es nachhaltiger.

Klick – Foto

In vielen Kontexten geht es um die Perspektive auf eine Sache. Eine schöne interaktive Metapher ist eine Fotoaufnahme. Bitte die Teilnehmer mit dem Smartphone ein Foto von dem Raum zu machen. Nachdem die Teilnehmer das Foto gemacht haben, sollen sie anderen Zuschauern kurz das Foto zeigen und eventuell auch das Foto des anderen kommentieren. Du stoppst nach circa ein bis zwei Minuten und lässt dir Rückmeldung geben. Was ist aufgefallen? Was ist passiert?

Das Fazit der Aktion ist: jeder hat einen anderen Blickwinkel auf eine Sache, in dem Fall der Raum. Es gibt auch kein Foto, was dem anderen gleicht, alles sind Unikate und so weiter.

Improvisation

Eine ganz andere Art der Interaktion kommt aus dem Impro-Theater. Zuschauer werfen dem Referenten einzelne Worte zu und der baut das in seinen Vortrag ein. Eine Variante davon war ein Vortrag, der gleichzeitig synchronisiert wurde. Dabei wurden die Worte pantomimisch übersetzt. Sprich der Referent hielt seinen Vortrag und ein Impro-Schauspieler machte die entsprechenden pantomimischen Gestiken und Mimiken dazu. Das Publikum hatte viel zu lachen.

Will man die Impro-Theater-Methode einsetzen, sollte man sehr gut überlegen, was die Botschaft ist und was das Publikum mitnehmen soll.

Interaktiver Vortrag

Eine Kollegin, Gaby S. Graupner, bietet solche interaktiven Vorträge an. Der Vortrag besteht darin, dass das Publikum Fragen stellt und man als Referent spontan einen Tipp, eine Erkenntnis oder eine Geschichte dazu erzählt. Das ist auf jeden Fall sehr spannend, man muss dann aber auch sehr gut im Thema sein und viel Wissen im Gepäck haben. Im angloamerikanischen Raum heißt das Format AMA = Ask me anything.

Tipps und Tricks

Je nach Thema und Zeit, die dir zur Verfügung steht, versuche, aktivierende Fragen in deiner Präsentation zu stellen. Sie sollen die Zuhörer anregen und motivieren, sich mit dem Thema des Vortrags auseinanderzusetzen. Die Zuhörer verstehen so auch leichter, was du als Redner sagen willst. Wichtig ist es, die Frage zu stellen und dann eine Pause zu machen, damit der Zuhörer überlegen kann.

Wenn du kontroverse Meinungen oder provokative Äußerungen in den Raum wirfst, erzeugt das Widerstand bei den Zuschauern. Bei einigen macht sich dann Luft breit und sie rufen lautstark in Richtung Bühne. Damit hast du auch eine provozierte Interaktion und kannst darauf reagieren. Logischerweise solltest du darauf schon vorbereitet sein und kannst so einen spannenderen Konter anbieten. Du bleibst dann als sehr schlagfertig in Erinnerung. Wenn die Sache einen lustige Wendung nimmt, kannst du im Sinne von Gamification punkten.

Anmerkung: Die Interaktionen setzen teilweise ein Smartphone voraus. Je jünger die Zielgruppe, desto sicherer kann man davon ausgehen, dass jeder eines hat und es auch zu bedienen weiß. Je älter die Zielgruppe, desto mehr Abstriche muss man machen. Es wird auch immer mal vorkommen, dass bei einem Handy der Akku leer ist oder ein Handy defekt ist, sprich, es wird Teilnehmer geben, die nicht an der Interaktion teilnehmen können. Damit muss man leben und es sich klar machen, dass man eventuell nicht jeden abholen kann.

10.4 Übersichten zu Umfragetools

Im Internet gibt es unzählige Umfragetools. Einen guten Überblick für allgemein zu verwendende Umfragewerkzeuge bieten die folgenden beiden Seiten:

- Digital Afin – *www.digital-affin.de/blog/umfrage-online-tools*

- Fau – *www.ili.fau.de/digitale-tools-aktivierung-interaktion-kollaboration*

Umfragetools für Präsentationsprogramme und Online-Tools

- Ahaslides – *ahaslides.com* (enthält sehr viele Templates und Ideen, viele gamifiziert, folienbasiert aufgebaut)
- Poll Everywhere – *www.polleverywhere.com* (Live-Anzeige der Ergebnisse auch in PowerPoint)
- Slido – *www.slido.com/de* (neben Umfragen auch Quiz möglich)

Umfrage- und Quiztools

- AnswerGarden
- Flinga
- Jamboard
- JotForm
- Kahoot
- Mentimeter
- Miro
- Padlet
- QuiZAcademy
- Rocket.Chat
- Tripetto
- Wooclap
- Slidelizard

Socialtable Tools

Alle Tools bieten die Moderation, Sammlung und Analyse für alle sozialen Netzwerke an.

- Hootfeed von Hootsuite – Es ist perfekt für Q&A Sessions: Mit Hootfeed kann man Fragen aus dem Publikum in Form von Tweets sammeln. Vorteil: Reichweite steigt.
- PresentersWall – Ähnlich wie Hootfeed ermöglicht PresentersWall den Teilnehmern, öffentlich Fragen an einen Redner zu stellen. Man kann den Feed manuell steuern oder das Publikum die Fragen auf- und absteigen lassen.
- Walls.io – Damit können die besten Beiträge, Fotos oder Videos von mehr als fünfzehn verschiedenen Social Media Plattformen gesammelt und präsentiert werden. Es lässt sich auch Missbrauch verhindern und die angezeigten Inhalte vorher auszuwählen.
- Tagboard – Tagboard verwendet Hashtags, um öffentliche soziale Inhalte auf Twitter und Facebook in Sekundenschnelle zu finden. Mit diesem Tool sieht man zu Beiträgen auch gleich die Kommentare live.

- Everwall – liefert blitzschnell Ergebnisse auf der Leinwand. Jeder Beitrag wird in weniger als einer Viertelsekunde auf der Social Wall veröffentlicht.
- Sprinklr
- Eventifier
- Tint
- Crowdscreen

10.5 Zusammenfassung

Interaktionen in Präsentationen sind ein wertvolles Werkzeug. Du kannst damit relevante Informationen vermitteln und die Aufmerksamkeit auf vielfältige Weise steigern. Es stärkt deine Glaubwürdigkeit und baut Kontakt auf. Ein guter Vortrag ist daher mehr als nur die Präsentation von Zahlen, Daten, Fakten, Argumenten, Geschichten, Beispielen, ... – er muss dir helfen, eine persönliche Verbindung zum Publikum aufzubauen. Mit der richtigen Interaktion kannst du diese Beziehung vertiefen und sicherstellen, dass deine Botschaften ankommen.

Interaktionen wählst du entsprechend dem Ziel und der Zielgruppe deiner Präsentation. Beispielsweise kann es für ein Fachpublikum sinnvoll sein, Fragen oder Umfragen in die Präsentation zu integrieren. Ebenso können Gruppenaktivitäten wie Quizze eingesetzt werden, um das Interesse des Publikums aufrechtzuerhalten und gleichzeitig die Auseinandersetzung mit dem Thema zu fördern.

Mache dir also Gedanken, an welchen Stellen du interagieren und eine Verbindung schaffen willst oder eine Botschaft besser verankern.

11 Spiele – von Jeopardy bis Fußball

Gamification leitet sich von Spielen ab. Insofern sind folgerichtig Spiele als Interaktion mit dem Publikum ein wichtiger Bestandteil von Präsentationen und Vorträgen. Als vortragende Person willst du das Publikum begeistern, einbinden und überzeugen. Dies kann mitunter schwierig sein, wenn man über ein Thema spricht, das nicht unbedingt interessant oder aufregend ist. Eine Möglichkeit, die Aufmerksamkeit des Publikums zu erhöhen und das Interesse zu wecken, ist die Verwendung von Spielen in Präsentationen. Spiele können dir helfen, dein Publikum einzufangen, sodass sie mehr über ein Thema erfahren wollen. Je besser du die Zuschauer einbindest, desto mehr Aufmerksamkeit ist dir gewiss.

Spiele sind eine tolle Interaktion, um Informationen auch nachhaltig zu vermitteln. Durch die spielerische Beschäftigung bleibt mehr im Gedächtnis hängen als bei einem monotonen Vortrag. Spiele können am besten eingesetzt werden, um Abwechslung von der traditionellen Präsentationsform zu bieten. Das weckt zudem Interesse und erzeugt Neugier.

11.1 Spiele in Präsentationen verwenden

Spiele können an jeder Stelle in einer Präsentation verwendet werden. Zum Einstieg ein lockeres Bilderrätsel, um Teilnehmer abzuholen und zu sehen, wie der Wissensstand der Zuschauer ist. Im Mittelteil ein Schwarmspiel, um für eine lockere Atmosphäre zu sorgen und ein Murmelgruppenspiel mit jeweils vier Teilnehmern. Am Ende die Zusammenfassung als Quiz, um zu sehen, was hängen geblieben ist.

Wichtig ist vor allem:

- Werde dir klar, was das Ziel des Spiels ist, etwa auflockern, für gute Atmosphäre sorgen, Verbindung zu den Zuschauern schaffen, Wissen vermitteln, Wissen abfragen, Aufmerksamkeit schaffen, ...
- Prüfe, wie viel Zeit dir zur Verfügung steht. Ein Spiel, was zwanzig Minuten dauert bei einem dreißigminütigen Vortrag, macht nur bedingt Sinn.

- Hab eine klare Spiel- beziehungsweise Aufgabenbeschreibung für die Zuschauer. Am besten sind schriftliche Hinweise auf einer Präsentationsfolie zu den Regeln, dem Ziel oder der Aufgabe. Der Vorteil: die Zuschauer wissen, was die Regeln sind und du vergisst nichts.
- Beachte: Wenn das Publikum aus Experten mit viel Wissen über ein bestimmtes Thema besteht, können Spiele zunächst mal als Zeitverschwendung angesehen werden. Vor allem, wenn es um bekanntes Wissen geht. In dem Fall sollte das Niveau des Spiels angehoben werden, etwa durch schwierigere Fragen oder auch konstruierte Nonsensfragen, bei denen man verunsichert ist. Beispiel: »Mal angenommen, alle Menschen würden für ein Jahr schlafen. Würde das unser Klimaproblem lösen? Und warum?«
- Schaffe Anreiz. Steigere den Wettbewerbsgedanken. Beispielsweise nach jeder Runde wird der Punktestand eingeblendet oder der ausgelobte Gewinnerpreis ist sehr begehrenswert.
- Lobe einen Gewinn aus, auch wenn es nur eine virtuelle Goldkrone ist.
- Spiele eine Proberunde. Natürlich nur, wenn genügend Zeit vorhanden ist.

11.2 Spiele wie Sand am Meer

Weltweit spielen über drei Millarden Menschen Videospiele nach der Analyse von DFC Intelligence. Die Anzahl der Spiele ist unbekannt, da es sie wie Sand am Meer gibt, denn täglich kommen neue hinzu. Schätzungen gehen davon aus, dass es mindestens eine Million Spiele gibt – vor allem, wenn man alle Arten von Spielen mit einbezieht. Viele entstehen im Hobbybereich und werden nicht veröffentlicht.

Schauen wir uns daher einige Spiele an, die du in Präsentationen sinnvoll und gut einsetzen kannst.

11.3 Quizspiele mit Fragen und Antworten

Umfragen und Quizze gehen fließend ineinander über. Einige Tools bieten sowohl Umfragen als auch Quizze an, da sie eng miteinander verwandt sind. Im Gegensatz zu den Umfragen, bei denen man mehr an Einstellungen, Meinungen, Vorlieben interessiert ist, wird beim Quizspielen Wissen abgefragt. Das soll Spaß machen, unterhalten und dennoch einen Lerneffekt beinhalten. Gerade, wenn Themen wiederholt werden, bietet sich das an.

In meinen Train-the-Trainer Seminaren empfehle ich den Referenten für den Vortrag oder auch im Seminar Quizze zu nutzen, vor allem dann, wenn Teilnehmer mit Vorerfahrungen im Raum oder Online dabei sind. Bei fünfundzwanzig bis fünfzig Zuschauern, kann man die Quizteilnehmer schnell in verschiedene Gruppen aufteilen, die gegeneinander antreten. Damit wird ein kleiner Wettbewerb geschaffen. Ein ausgelobter Gewinn, zum Beispiel Schokolade für die Siegergruppe, steigert die Motivation. Die anderen bekommen einen Trostpreis.

Das gemeinsame Quizzen verbindet die Menschen miteinander und lässt ein Zugehörigkeitsgefühl aufkommen. Als Referent spürt man die Energie und kann dies gezielt für den weiteren Vortrag nutzen. In einer Online-Session bieten sich für die Gruppenaufteilung weitere Tools an (siehe Abschnitt über Gruppeneinteilung) oder es gibt im Online-Meetingtool bereits eine zufallsgenerierte Aufteilung der Gruppe (zum Beispiel Break-out-Räume).

11.4 Jeopardy

Jeopardy ist ein Quiz-Spiel, bei dem die Teilnehmer Fragen aus verschiedenen Kategorien beantworten müssen. Vorzugsweise werden Gruppen gebildet, um mehr Teilnehmer einzubinden. Das Team wählt eine Kategorie und eine Punktzahl und der Moderator klickt auf die Zahl und die Frage erscheint. Das Team antwortet. Ist die Frage richtig beantwortet, darf dieses Team die nächste Kategorie und Punktzahl auswählen. Es darf so lange antworten, wie es richtige Antworten gibt. Das Team mit den meisten Punkten am Ende des Spiels gewinnt. Von diesem Spiel existieren mittlerweile zahlreiche Varianten:

- von bunt lustig mit viel Soundeffekten bis hin zu sehr sachlich nüchternen gestalteten Präsentationsvorlagen;
- von kleinen bis großen Punkttableaus;
- mit unterschiedlichen Regeln, zum Beispiel: Es gibt einen Buzzer und wer zuerst drückt, darf antworten. Ist es die richtige Antwort, erhält das Team die Punkte für die Frage.

Obwohl das Spiel bekannt ist, wird es immer wieder gerne von den Teilnehmern gespielt.

> Tipp: Maßgeblich für die Zeitdauer des Spiels ist die Anzahl und der Schwierigkeitsgrad der Fragen. Das ist wieder abhängig von der Zuschauerzahl und der Gruppenein-teilung. Es gilt die Regel: Je weniger und erfahrener die Zuschauer, desto mehr Fragen sind möglich.

63 | Kreatives Jeopardy-Spiel

64 | Eher nüchtern gehaltenes Jeopardy-Spiel

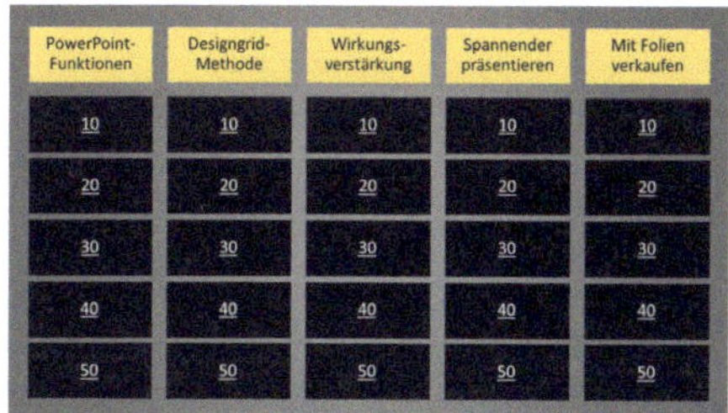

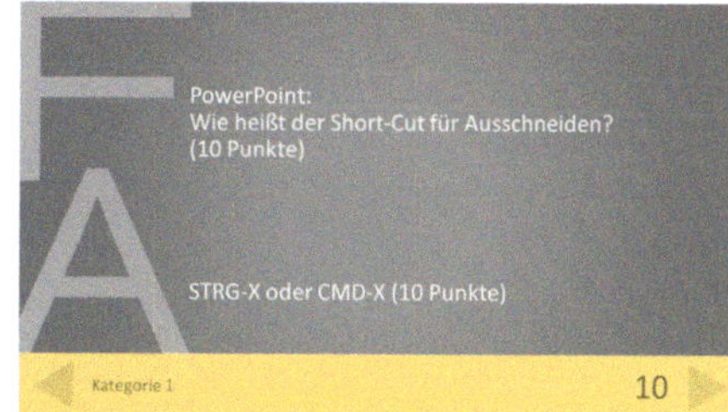

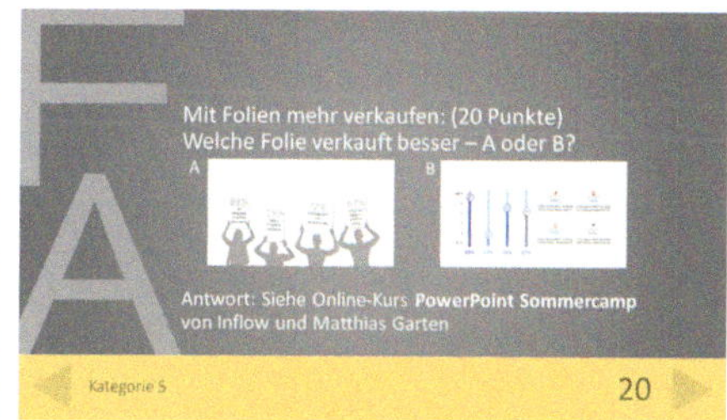

11.5 Wer wird Millionär?

Die Quizshow »Wer wird Millionär?« wurde erstmals 1999 in Großbritannien auf der BBC ausgestrahlt, und seitdem wurde es in vielen Ländern auf der ganzen Welt adaptiert. In der Show arbeiten sich die Teilnehmer durch verschiedene Runden von Fragen und die Schwierigkeit der Fragen und der zugewinnende Geldbetrag steigt mit jeder Runde. Der Moderator führt durch die Fragen und interagiert mit den Teilnehmern. Die Teilnehmer können jederzeit aufhören und ihren Gewinn mitnehmen oder sie machen weiter, beantworten weitere Fragen, mit denen Sie dann mehr Geld-Gewinn pro Frage erzielen können.

Die Show hat auch Hilfe-Tools wie etwa, die Meinung des Publikums erfragen oder einen 50:50-Joker, bei dem von den vier vorgegebenen Antworten auf zwei Antworten reduziert wird. Es gibt auch eine »Lifeline« genannt »Telefonjoker«, bei der der Teilnehmer eine zuvor benannte Person anrufen kann, um ihm bei der Beantwortung einer Frage zu helfen.

65 | Gewinnstufen – Wer wird Millionär?

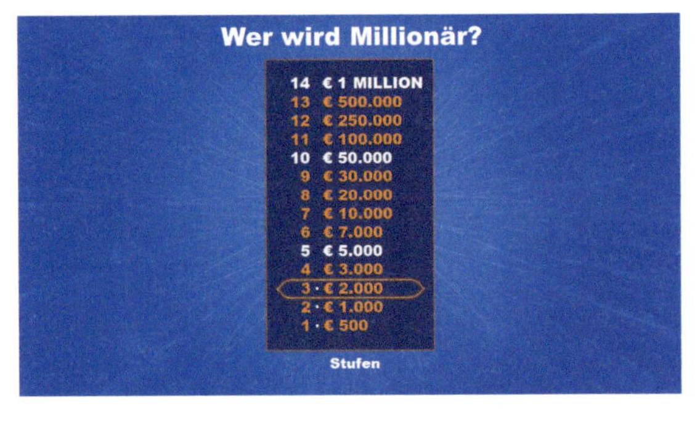

Ziel der Show ist es, die Eine-Million-Euro-Frage richtig zu beantworten, die nur selten erreicht wird. »Wer wird Millionär?« hat sich zu einer der erfolgreichsten Quizshows der Welt entwickelt und hat eine große Fangemeinde auf der ganzen Welt.

66 | Wer wird Millionär? Die Quizshow als PowerPoint-Präsentation

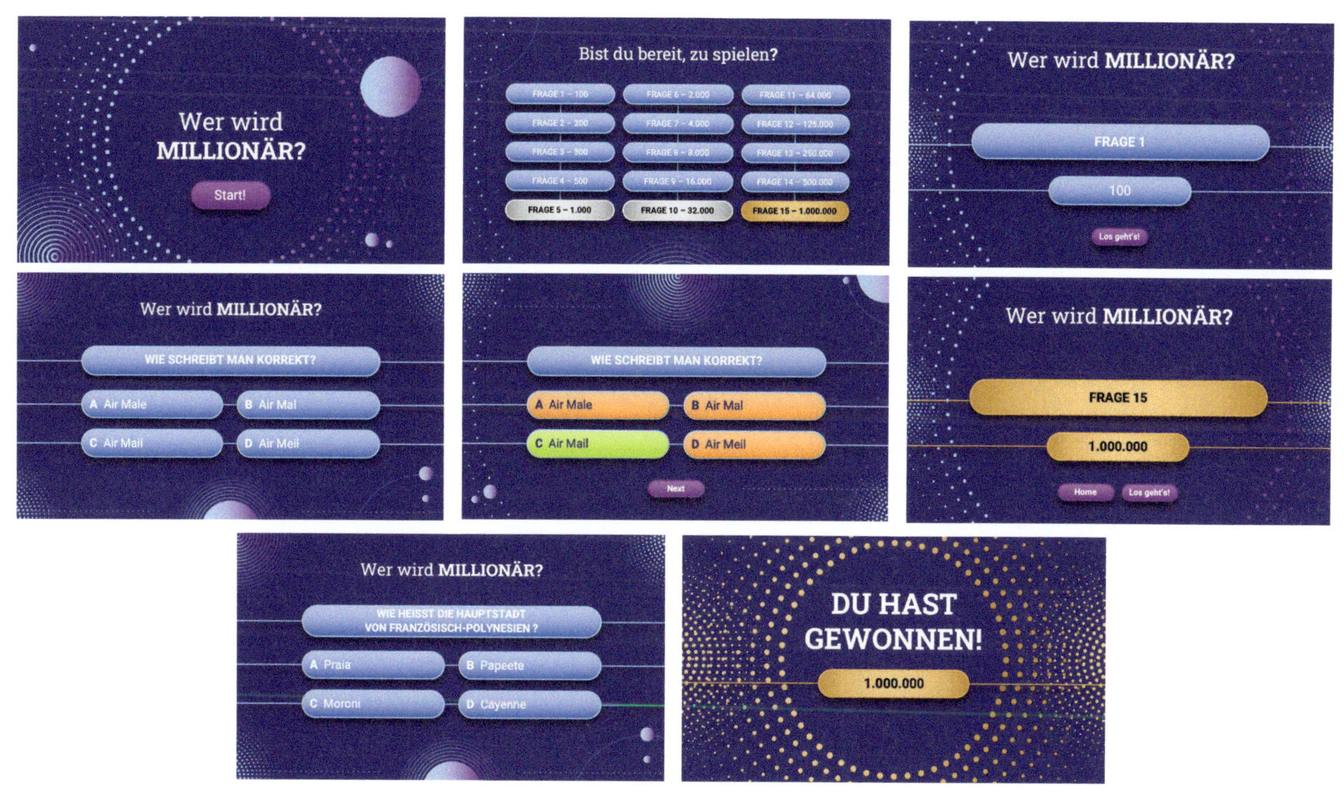

> Tipp: Je nach Publikum kannst du mehr oder weniger Special Effects, wie Spotlights, Lichtstrahlen und typische Soundeffekte, einbauen.

Dieses Format bietet sich für viele Gelegenheiten im Präsentationskontext an:

Quiz-Präsentation für Schulungen, Konferenzen, Produktpräsentationen, Marketingaktionen: Ein Quiz kann erstellt werden, bei dem die Teilnehmer Fragen zu einem bestimmten Thema beantworten müssen, etwa Produktfragen, Schulungsfragen, Unternehmensfragen, ... beim Onboarding einer Gruppe von neuen Mitarbeitern. Oder im Vertrieb, die neue Dienstleistung wird vorgestellt und mithilfe des Quizzes wird das Wissen getestet.

Team-Building-Aktivität: statt einem Teilnehmer spielt eine Gruppe.

Wettbewerb: Teilnehmer treten gegeneinander an. Dazu spielen die Teilnehmer das Quiz innerhalb kleiner Gruppen allein, einer wird der Moderator, einer Quizteilnehmer und die anderen sind die Joker. Um Schummeln zu vermeiden und den Wettbewerb zu verschärfen, kann der Moderator auch aus einer anderen Gruppe kommen.

Stilmittel: Die Präsentation ist wie die Show aufgebaut, jedoch bist du gleichzeitig der Moderator und Quizteilnehmer. Du stellst dir die Frage oder blendest sie ein und beantwortest sie gleichzeitig. Die Joker kannst du als Abwechslung einbauen und so auch dein Publikum mit einer Umfrage einbinden. Dein roter Faden sind die Fragen entlang derer du deine Inhalte vermitteln kannst. Die Anzahl der Fragen würde ich jedoch deutlich begrenzen, beispielsweise auf neun Fragen und Antworten für einen Vortrag. Für die Antworten kannst du auch mehrere Folien einblenden.

11.6 Action-Box-Spiel

Das Ziel des Spiels ist es, das Publikum in Bewegung zu bringen und aufzulockern. Das Spiel kann sowohl online als auch in Präsenz gespielt werden.

Wie funktioniert es? Man bildet Teams (gut sind zwei bis drei) und ein Team ist nach dem anderen an der Reihe. Das Team, das an der Reihe ist, wählt eine Box auf der Folie aus und demonstriert den anderen die Action. Hat das geklappt, werden unmittelbar danach die Punkte für die Action angezeigt. Das nächste Team ist an der Reihe. Wer die meisten Punkte hat, hat gewonnen.

67 | Stern- und Kreiseffekt

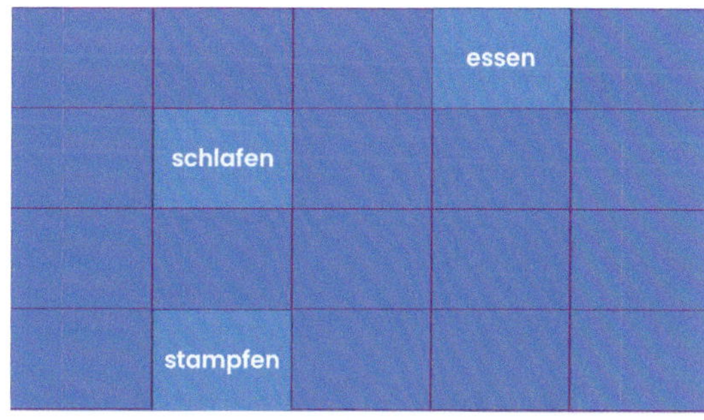

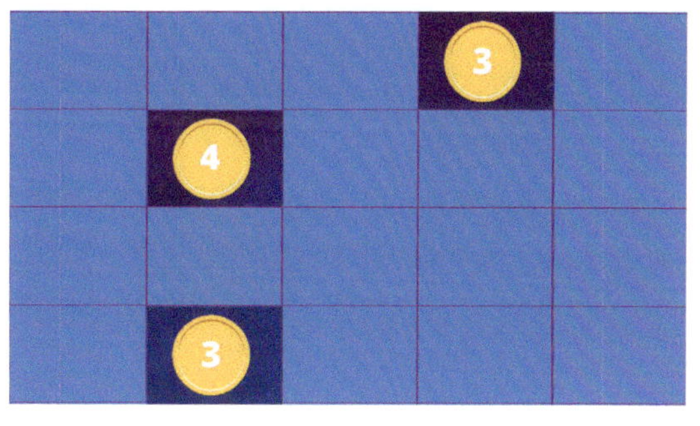

68 | Ablauf des Action-Box Spiels

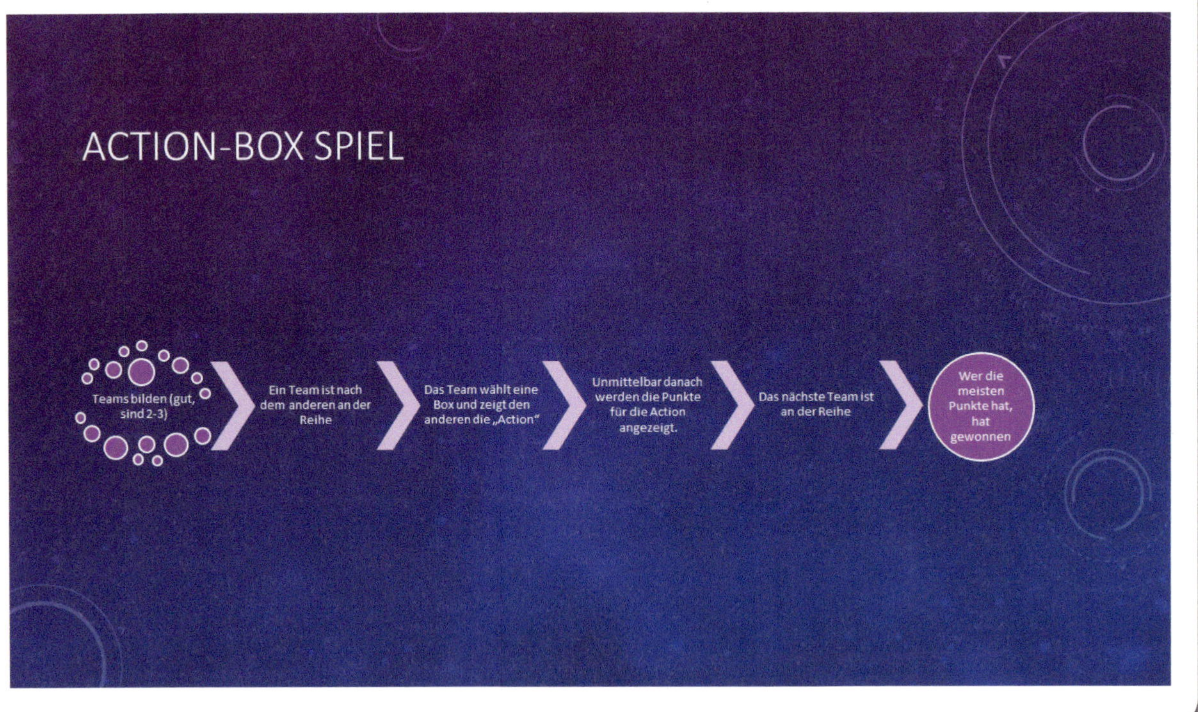

Varianten: Hinter den Karten liegen Begriffe, die erklärt werden müssen. Das kann verbal oder pantomimisch erfolgen.

11.7 Zuordnungspiel Gemüsemarkt

Das Spiel Gemüsemarkt ist relativ einfach. Zunächst klickt man auf die Einkaufsliste, dann werden in Textform alle Gemüsearten angezeigt (zum Beispiel in einer Fremdsprache), die man einkaufen soll. Danach startet eine rotierende Scheibe, von der man nur einen Teil sieht, und auf ihr befinden sich Bilder von Gemüsen. Aufgabe ist es, die Bilder anzuklicken, die zu den Gemüsen auf der Einkaufsliste passen. Eine Steigerung des Schwierigkeitgrads ist es, wenn das Gemüse in einer anderen Sprache geschrieben ist.

Je weniger falsches Gemüse gewählt wurde, desto mehr Punkte gibt es.

Hier einige Einsatzmöglichkeiten:

- Begriffe zuordnen: Transfer auf andere Themen, bei denen man etwas Gegenständliches zeigen kann, wie IT-Hardware, Werkzeuge, Maschinen, Fahrzeuge, Flugzeuge, Non-Foodartikel, Gadgets und vieles mehr.
- Eventformat: auf Konferenzen, muss das Publikum laut »Klick« rufen, wenn das richtige vorbeikommt.
- Schulungen: kleine Gruppen oder Einzelpersonen spielen lassen. Wer die wenigsten Fehler hat, gewinnt.
- Messe: Gäste am Messestand spielen lassen. Zwei Effekte: Die Besucher beschäftigen sich mehr mit dem Thema und merken sich mehr.

Der Gemüsemarkt ist sehr gut übertragbar auf andere Themen. Zunächst ist die Liste leer, per Klick füllt sie sich. Jetzt dreht sich die Scheibe mit den Gemüsebildern (schwarzes Trapez in der Mitte der Kasse) und man klickt auf das richtige Gemüse, das dann im Beutel landet.

69 | Der Gemüsemarkt

11.8 Bilderrätsel Dalli Klick

Dalli Klick kommt aus der TV-Show »Dalli Dalli«, dabei müssen die Teilnehmer erraten, was auf der Folie versteckt ist. Die Teilnehmer sehen zunächst eine dunkle Folie und dann werden immer mehr Teilbereiches des Bildes freigelegt. Wer es als Erstes weiß, hat gewonnen.

Ich habe dieses Spiel vor über zehn Jahren in meinen Vorträgen verwendet und es kommt nach wie vor auch heute noch sehr gut an. Viele Teilnehmer sind voller Elan dabei und wollen wissen, was dahinter liegt. Mit dem Bild verknüpfe ich ein Thema meiner Präsentation, etwa eine 3-D-Brille für Virtual Reality. Je nachdem lobe ich auch manchmal ein kleines Geschenk aus, wenn ich die Motivation steigern will.

Hier ein paar Einsatzmöglichkeiten:

- Konferenz: Es werden neue Produkte vorgestellt. Die Teilnehmer sollen raten, um welche Produktart es sich handelt.
- Marketing: Es soll ein bekanntes Produkt erraten werden. Sobald die Lösung klar ist, schwenkt man zum neuen Produkt. Alternativ lässt sich wie bei Konferenzen schon das neue Produkt im Spiel nutzen.
- Marktforschung: Welche Sorte hat den Probanden am besten geschmeckt? Auch hier kann man das Produkt erraten lassen.
- Schulung: Eine bestimmte Gesprächsszene soll gefunden werden.

70 | Stück für Stück wird das Bildmotiv aufgedeckt

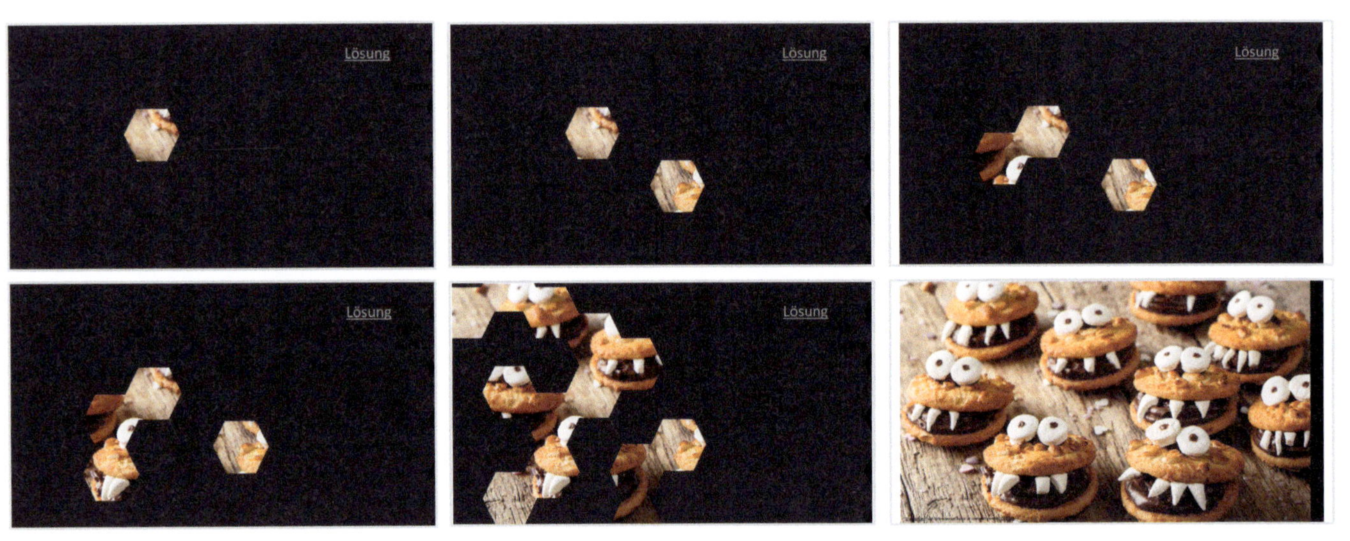

11.9 Bilderrätsel Vergrößerung

Eine Methode, die ich schon häufig in meinen Vorträgen genutzt habe, ist das Close-Up-Bilderrätsel. Ich zeige auf einer Folie einen stark vergrößerten Bereich eines Bildes und lasse die Teilnehmer rätseln, was das ist. Das ist megaspannend aus mehreren Gründen. Zum einen sehen die Zuschauer etwas, was sie so noch nie gesehen haben. Zum anderen werden die Synapsen im Gehirn angeregt. Man versucht, eine Verbindung zu etwas Bekanntem herzustellen und herauszufinden, was das Bild darstellt.

- Wirkungsstark ist es, wenn der Bezug zum Thema hergestellt wird. Dann wirken die Bilder noch stärker und prägen sich noch besser ein.
- Wähle Bilder aus, die in der Vergrößerung Interpretationsspielräume offen lassen.
- Wenn du mehrere Bilder hintereinander erraten lassen willst, starte mit etwas Einfachem, was jeder beantworten kann. Steigere dann den Schwierigkeitsgrad.

71 | Close-up-Bilderrätsel
Was ist das?
Etwas, was man zum Präsentieren braucht
Was ist das?

11.10 Schwarmspiele

Schwarmspiele sind Spiele, bei denen mehrere Teilnehmer gleichzeitig zusammenwirken, um gemeinsam ein Ziel zu erreichen. Die Spiele können sowohl in einem physischen als auch in einem digitalen Umfeld stattfinden. Schwarmspiele sind Spiele, bei denen eine Gruppe (der Schwarm) agiert und das Auswirkungen auf das Geschehen auf der Folie oder der Bühne hat. Beispielsweise bei einer Konferenz sollen die Zuschauer ein Auto steuern. Wenn alle Zuschauer sich in ihrem Sitz zum linken Nachbarn kippen, fährt das Auto nach links und kippen sie nach rechts, fährt das Auto nach rechts. Eine Voraussetzung ist, dass alle die Möglichkeit haben mitzumachen.

Etwa bei dem Beispiel mit dem Auto:

- Eine Kamera nimmt die Bewegung des Publikums auf, wertet das aus und steuert das Fahrzeug entsprechend oder
- jeder Teilnehmer gelangt über sein Smartphone auf eine Internetseite, auf der ein Button für links oder rechts fahren ist.
- Du hast auf der Bühne zwei Buttons für links und rechts und steuerst das Auto manuell.

Eines meiner Lieblingsschwarmspiele ist Fußball, das man online mit bis zu zweihundert Teilnehmern im Zoom-Meeting-Tool spielen kann. Ziel ist es, den Ball von einem Tor ins andere zu schießen.

Das Spielfeld ist ein Fußballfeld quer dargestellt, oben und unten sind Streifen. Auf den Streifen müssen die Teilnehmer mit der Kommentarfunktion von Zoom ein Sternchen stempeln. Der Ball rollt von links nach rechts, wenn die Teilnehmer nichts machen, bleibt der Ball stehen. Fangen sie an, im oberen Bereich Sternchen zu setzen, rollt der Ball schräg nach oben in Richtung anderes Tor. Werden die Sternchen unten gesetzt, rollt der Ball schräg nach unten.

72 | Schwarm-Fußballspiel mit PowerPoint realisiert

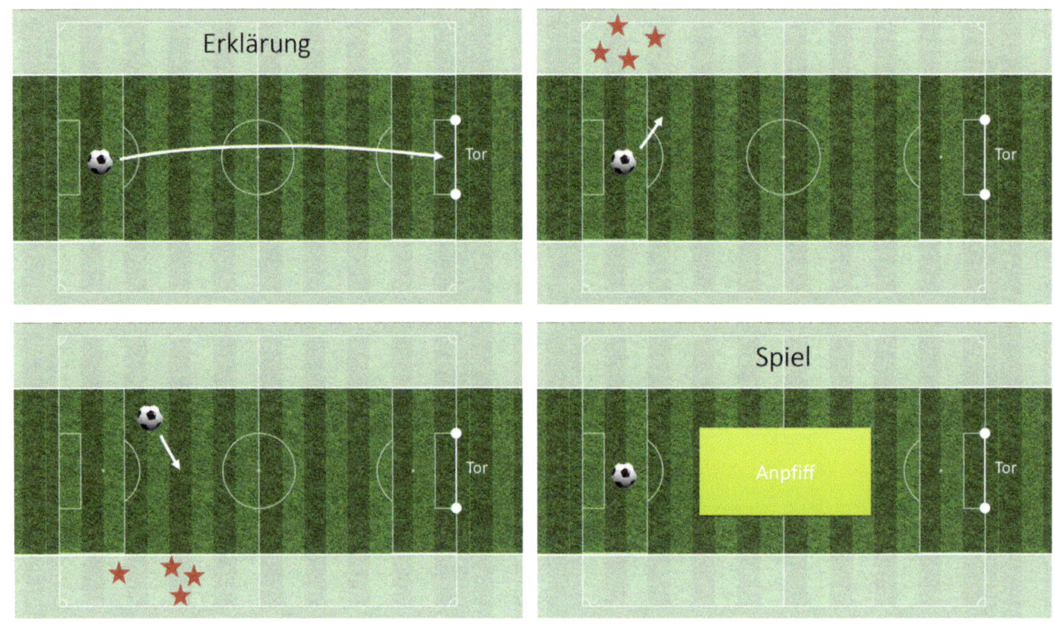

11.11 Gruppeneinteilung

Im Bildungsbereich haben viele Schulen ihre eigenen Tools, da sie häufig Schulklassen aufteilen oder Gruppen einteilen müssen. Nachfolgend findest du Tools, die auch für andere Bereiche, wie Unternehmen, Hochschule et cetera genutzt werden können.

Über den Browser

- Ultimate Solver – *https://www.ultimatesolver.com/de/zufall-gruppen* – Bietet neben der Gruppeneinteilung noch viele weitere Tools mit Zufallsgenerator, Münzwurf, Ja-Nein-Zufall, Würfel und vieles mehr.
- Random Group Generator – *www. classtools.net/random-group-generator* - Sehr einfach gehalten, schnell und effektiv.
- James Tease – *www.jamestease.co.uk/team-generator* – Englisch, ebenfalls einfach gehalten.
- Learning Apps – *learningapps.org/75643* – Plattform hat auch noch fertige Quizze für den Schulbereich.

Am Smartphone

- Team Shake mit Namensliste, ...
- Decide Now mit Drehscheibe, ...
- ClassDojo mit einigen Features mehr zur Schulklassenverwaltung
- Chooser mit der Möglichkeit, dass mehrere Teilnehmer gleichzeitig aufs Handy tippen
- ZGenerator
- TeacherTool

11.12 Zusammenfassung

Spiele helfen dabei, die Aufmerksamkeit des Publikums zu fesseln und können helfen, Informationen auf unterhaltsame Weise zu vermitteln. Sie bieten dem Publikum eine Möglichkeit, interessiert zu bleiben und mehr über ein Thema zu erfahren. Zudem können sie helfen, das Publikum zu engagieren und den Lernprozess zu unterstützen. Um effektiv zu sein, müssen Spiele jedoch sorgfältig geplant und richtig eingesetzt werden. Achte darauf, dass du die Regeln erklärst und dass alle Teilnehmer ähnliche Chancen haben, an dem Spiel teilzunehmen.

12 Metaverse – Die neue Dimension der unterhaltsamen Präsentation

Wir leben in einer Zeit beispiellosen technologischen Fortschritts, in der sich täglich neue Möglichkeiten eröffnen. Eine der aufregendsten ist das Metaverse, eine immersive virtuelle Welt, die die üblichen Grenzen der Realität sprengt. Das Metaverse ist eine gemeinsame virtuelle 3-D-Welt, die über das Internet betrieben wird. Es besteht aus mehreren miteinander verbundenen virtuellen Räumen, die interaktive Spiele, virtuelle Realität, erweiterte Realität (Augmented Reality) und Simulationen umfassen können.

Das Metaverse ist eine offene Plattform, auf der die Menschen miteinander kommunizieren, gemeinsam etwas erleben und Neues erkunden können. Im Gegensatz zu den heutigen Social Media Angeboten wie etwa Facebook sind Menschen als eigenständige Figuren, sogenannte Avatare in dieser Welt vertreten. Die Nutzer können ihre Avatare anpassen, neue Welten erkunden und sogar eigene Welten erschaffen. Die Welten können mit technischem Equipment wie eine Virtual Reality Brille (VR-Brille) oder auch ganz einfach ohne spezielle Technik am Rechner, Smartphone oder Tablet besucht werden. In den meisten Fällen wird das Metaverse für Spiele, Austausch mit weiteren Personen (Socializing) und zur kreativen Zusammenarbeit genutzt. Spannende Anwendungsgebiete gibt es auch im Bereich Bildung, etwa neue Lernformate, Unterhaltung wie Konzerte, Human Resources wie Recruiting oder Vertrieb für Verkaufsmessen.

Man sieht schon anhand der Anwendungsbereiche, wie das Thema mit Präsentationen verknüpft ist. Bei virtuellen Messen laufen Präsentationen am Messestand, bei Konferenzen werden Vorträge gehalten oder bei Trainings wird Wissen präsentiert. Ganz im Sinne der Gamification ist der Zugang spielerisch und involviert die Teilnehmer sehr stark.

Wir haben im Metaverse 2022 den weltweit ersten Kongress zum Thema »Reden und Präsentieren« angeboten. Unsere Lernkurve ist steil nach oben gegangen und wir haben einige interessante Punkte entdeckt, über die ich in diesem Abschnitt berichten werde.

Diese Begriffe werden wichtig

Immersiv: Das Wort immersiv bezieht sich auf eine Umgebung, in der eine Person vollständig darin eintaucht und das Gefühl hat, Teil davon zu sein. Dies kann durch die Verwendung von Technologien wie Virtual Reality, Augmented Reality oder Multisensory-Systemen erreicht werden.

Virtuelle Realität (VR) bezieht sich auf eine computergenerierte Simulation einer dreidimensionalen Umgebung, die durch ein VR-Headset oder andere ähnliche Geräte erlebt werden kann. Die Benutzer können mit dieser Umgebung mithilfe spezieller Ausrüstung wie Handschuhen oder Controllern interagieren und haben das Gefühl, in der virtuellen Welt physisch anwesend zu sein. Die Technologie der virtuellen Realität wird häufig in den Bereichen Spiele, Bildung und Ausbildung sowie für therapeutische und Forschungszwecke eingesetzt.

Augmented Reality (AR) ist eine Technologie, die computergenerierte Bilder, Videos, Töne oder andere Informationen über die Sicht des Benutzers auf die reale Welt legt. Sie verbessert die Wahrnehmung der Umgebung durch den Nutzer, indem sie digitale Informationen über die physische Umgebung legt und so ein erweitertes oder augmentiertes Erlebnis bietet. Das Ziel von AR ist es, die digitale und die physische Welt nahtlos miteinander zu verschmelzen, sodass die digitalen Inhalte wie ein Teil der realen Welt erscheinen. Beispiel: Du bist auf Kreta im Knossos Palast – dort sind allerdings nur die Grundmauern. Schaust du durch dein Smartphone mit, kannst du mit Augmented Reality die gesamte Wand sehen.

73 | Metaverse-Kongress

Metaverse-Kongress zum Thema »Reden, Präsentieren, Inspirieren«. Interessanterweise nahmen neunundneunzig Prozent der Teilnehmer am Desktop (ohne VR-Brille) teil und waren dennoch begeistert.

Das Metaverse bietet eine Vielzahl von Vorteilen. Hier einige der wichtigsten:

Überwindung gewohnter Grenzen: Das Metaverse sprengt die gewohnten Grenzen der Realität. Es gibt den Nutzern die Möglichkeit, neue Welten zu erkunden und Dinge zu erleben, die sie bisher nicht kannten oder niemals so in Realität kennenlernen werden. Beispielsweise: Eine Reise ins alte Ägypten. Stell dir vor, du hast deine VR-Brille aufgesetzt und stehst jetzt vor der Cheops-Pyramide. Du drehst den Kopf und siehst die Umgebung. Du schaust nach oben und erkennst die Spitze. Du gehst näher heran und schaust nochmal nach oben. Die Pyramide sieht riesig aus. Oder stell dir vor, du bist im Weltraum und fliegst durch unser Sonnensystem. Der Jupiter ist so interessant, dass du näher heranfliegst, ihn umrundest und dir ein Bild machst. Stell dir vor, du hälst deine nächste Präsentation auf dem Jupiter.

Oder stell dir vor, du verkaufst eine Maschinenanlage. Du lädst deinen Kunden in den virtuellen Raum ein und ihr geht um die Maschine herum und du erklärst, was die Maschine kann. Dann öffnest du die Maschine und ihr schaut in das Innere.

Zuschauer hautnah und aktiv: Das Metaverse macht es auch den Zuschauern leichter, in das Geschehen einzugreifen. Statt nur vom Spielfeldrand aus zuzuschauen, können die Zuschauer nun auch aktiv teilnehmen. Dadurch wird das Erlebnis für alle Beteiligten noch intensiver und spannender.

Bei unserer Metaverse-Präsentationskonferenz konnten die Zuschauer in die Vortragsräume gehen, die sie interessiert haben. Wir hatten immer drei Räume mit Live-Referenten, die über Folien, Stimme, Körpersprache, Rhetorik, Humor, ... gesprochen haben. Mit ihren Avataren konnten die Zuschauer sehr schnell in Kontakt zu den anderen Zuschauern und den Referenten treten. Da jeder Avatar mit einem Set von Aktionen ausgestattet war, konnten die Zuschauer jubeln, springen, tanzen, laut applaudieren, Daumen hochhalten, ... Der Spaßfaktor für alle war enorm, besonders dann, wenn alle mitmachen.

12.1 Präsentationselemente im Metaverse

Im Gegensatz zu allen vorhergehenden Kapiteln haben wir mit dem Metaverse kein Werkzeug oder Präsentationselement, sondern eine Plattform, auf der wir (fast) alle Techniken, die hier in diesem Buch beschrieben wurden, einsetzen können.

So lassen sich PowerPoint, Erklärfilme, Comics, Humor, Special Effects, Spiele, ... in der neuen digitalen Welt nutzen. Mit dem Metaverse erweitert sich allerdings das Spektrum für Präsentationen.

Präsentationen in Online-Meetings finden immer auf dem Monitor in einer zweidimensionalen Welt statt. Der Monitor im Büro oder Homeoffice ersetzt die Leinwand.

74 | Die Leinwand ist perspektiv im Raum platziert

Im virtuellen Raum kann die Leinwand für die Präsentation im Raum aufgehängt sein und als Zuschauer hat man einen perspektivischen Blick auf die Leinwand. Als Zuschauer postiert oder setzt man sich so im Raum, dass man gut sehen kann.

3-D-Objektpräsentation: Auf PowerPoint-Folien lassen sich 3-D-Modelle einfügen und animiert präsentieren. Im Metaverse geht das Ganze noch eine Dimension weiter, denn hier können Referent und Zuschauer gemeinsam um ein Modell herumlaufen.

75 | 3-D-Modell einer Turbine

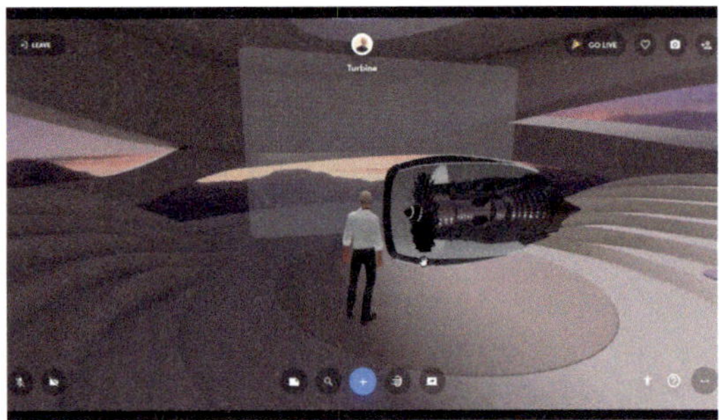

Die Turbine rotiert und kann umlaufen werden. Das schafft neue Perspektiven.

Live Varianten: Als Referent lässt man während der Präsentation etwas live entstehen, analog dem Flipchart oder einem Zeichner, der etwas live bei seinem Vortrag zeichnet. Im virtuellen Raum bietet sich an, eines oder mehrere 3-D-Modelle zu erschaffen. So wirkt alles noch lebendiger und einladender. Die Zuschauer werden noch mehr mitgenommen, da sie das Gefühl haben, sie sind an der Entwicklung beteiligt.

Logischerweise sollte man das gründlich vorbereiten und durchspielen, damit es nachher auch gut funktioniert.

Visual Storytelling

Beim Visual Storytelling werden Geschichten mit Bildern erzählt. Im virtuellen Raum geht das auch, hier lässt sich zusätzlich das Dreidimensionale nutzen. Die Geschichte kann anhand von Gegenständen, Personen, Orten, ... visuell unterstützt werden.

76 | Visual Storytelling

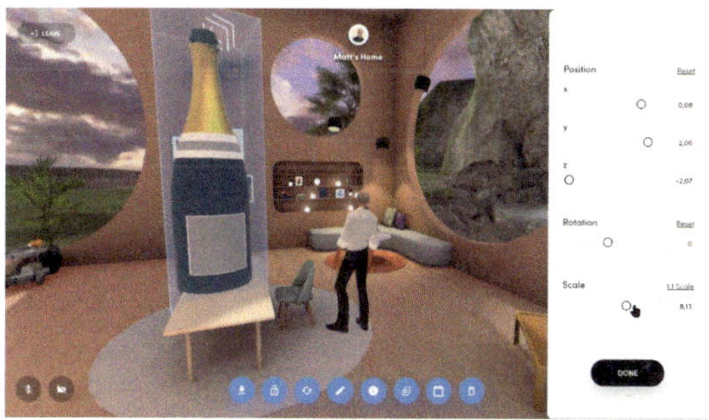

Hier im Bild eine Flasche Champagner als Teil der Geschichte – Sie soll überdimensional groß werden, deswegen wird das Menü rechts eingeblendet und in Echtzeit die Größe geändert.

Präsentationsstationen – der virtuelle Raum als Präsentationsfläche

Genau wie in der Landschaft oder Architektur bietet die virtuelle Welt als solche schon die Möglichkeit der Präsentation. Beispiel: Dein Vortrag besteht aus mehreren Abschnitten. Für jeden Abschnitt wechselst du das Geländer, das Gebäude, den Raum, ...

Stell dir vor, du hältst einen Vortrag über die Wasserversorgung der Zukunft. Dann könnte das folgendermaßen aussehen:

- Als Einstieg wählst du als virtuellen Raum eine Wüstenlandschaft. Alle befinden sich in dieser Wüste. Du erzählst von den Herausforderungen, von Trockenheit und so weiter.
- Im Hauptteil stehst du mitten an einem großen See und sprichst über Oberflächenwasser. Klick, du wechselst die Welt und alle sind jetzt unter der Erde beim Grundwasser. Klick, du stehst auf einem Helikopter Platz und schaust auf eine Stadt und sprichst über die Wasserversorgung der Stadt.

In jeder dieser Welten ist eine Leinwand, auf die du weitere Infos projizieren kannst.

77 | Landschaft mit Oberflächenwasser, Heli-Landeplatz in der Stadt

12.2 Einsatzmöglichkeiten

Aktuell wird das Metaverse hauptsächlich in Nischen und sehr begrenzt verwendet. Mit zunehmend verbesserter Hard- und Software wird der Zugang für Laien immer leichter werden und die Technologie wird sich in ein paar Jahren durchsetzen. Dennoch gibt es auch heute schon viele praktischen Einsatzmöglichkeiten.

Vertrieb

Wie kann das Metaverse für Vertriebsstrategien eingesetzt werden? Durch die Verwendung von virtuellen Räumen können Unternehmen ihren Kunden auf einfache Weise unzählige neue Produkte und Dienstleistungen präsentieren.

Messen

Das Metaverse kann für Messen und andere Events genutzt werden, um den Teilnehmern ein interaktives Erlebnis zu bieten. Ich kenne beispielsweise eine Recruiting-Messe, die sehr erfolgreich im Metaverse ablief. Sehr viele junge Teilnehmer interessierten sich für die Messe und waren neugierig, was an den Messeständen der Unternehmen passiert. Das schaffte eine gute Verbindung zu den Unternehmen und war ein voller Erfolg.

Konferenzen

Die Zuschauer werden in imaginäre virtuelle Welten entführt. Man kann mehrere Bühnen und Workshopräume konfigurieren und die Referenten können dort mit 3-D-Objekten oder mit PowerPoint-Präsentationen auf einer virtuellen Leinwand präsentieren. Die Konferenz bietet allein durch das Ambiente eine andere Erfahrung als herkömmlich mit Online-Präsentationen. So lassen sich auch viele interaktive Präsentationstechniken nutzen, um die Teilnehmer zu begeistern und mitzunehmen.

Vorträge, Webinare, Workshops

Der Vorteil bei Vorträgen im Metaverse ist die unmittelbare Rückmeldung der Teilnehmer. Als Referent sieht man unmittelbar, ob die Zuschauer interessiert sind oder den Raum verlassen.

12.3 Zusammenfassung

Das Metaverse unterscheidet sich deutlich von den bekannten Online-Meetingtools, wie Microsoft Teams und Zoom: Die Zuschauer sind deutlich aktiver. Sie müssen es auch sein, denn wenn man etwa in einen anderen Raum wechseln möchte, muss man seinen Avatar bewegen. Der Zuschauer ist viel stärker in das Geschehen involviert. Teilnehmer unseres virtuellen Präsentationskongresses sagten vorher »Sechs Stunden durchhalten – das wird schwierig«. Anschließend berichteten sie, dass die Zeit verflogen sei und es super spannend war.

Das Metaverse bietet eine spannende Möglichkeit zu präsentieren. Es wird sich in den nächsten Jahren noch stark weiterentwickeln. Auch wenn der Start sich etwas holprig gestaltet, rechnen die meisten internationalen Experten damit, dass der Durchbruch für diese neuen Formen des digitalen Austauschen 2030 kommt und es dann zum Standardrepertoire von fast allen Unternehmen gehören wird. Derzeit heißt es daher, weiter ausprobieren und weitere Einsatzmöglichkeiten prüfen. Wer tiefer einsteigen will, findet wertvolle Infos in einer aktuellen Studie von ECC Köln (c/o IFH Köln) und in dem Buch Metaverse: Verstehen, planen, machen von Ralf Deckers und Anna Lisa Weinand.

Die folgende Übersicht hilft hierbei:

Metaverse-Plattformen

- Decentraland: www.decentraland.org
- The Sandbox: www.sandbox.game
- Horizon Worlds: www.oculus.com/horizon-worlds
- Upland: www.upland.me
- Somnium Space: www.somniumspace.com
- Metahero: www.metahero.io
- Second Life: www.secondlife.com

VR- und AR-Hersteller

- Meta Quest: www.meta.com/quest
- PICO www.picoxr.com
- Microsoft HoloLens: www.microsoft.com/hololens
- Meta Reality Labs: www.meta.com/RealityLabs
- Magic Leap: www.magicleap.com
- HTC Vive: www.vive.com
- Apple AR: www.apple.com/augmented-reality
- Google: vr.youtube.com
- Snap: ar.snap.com

Corporate Metaverse-Plattformen

- Horizon Workrooms: www.meta.com/workrooms
- rooom: www.rooom.com
- Corporate Metaverse: www.corporate-metaverse.com
- Spatial: www.spatial.io
- Raum: www.engagevr.io
- Engage Metaverse: www.engagevr.io
- AltspaceVR: www.altvr.com
- Virbela: www.virbela.com
- PixelMax: www.pixelmax.com
- MeetinVR: www.meetinvr.com
- Frame: www.framevr.iom
- NVIDIA Omniverse: www.nvidia.com/omniverse

Metaverse-Spiele

- Roblox: www.roblox.com
- Fortnite: www.epicgames.com/fortnite
- Minecraft: www.minecraft.net
- World of Warcraft (VR): www.minecraft.net
- Axie Infinity: www.axieinfinity.com
- Voxels: www.voxels.com

Metaverse Avatare

- Ready Player Me: www.readyplayer.me
- MetaHuman: www.metahuman.unrealengine.com
- Zepeto www.zepeto.me

Weitere Quellen zum Metaverse

- Collin Croome
- Metaverse Buch: metaverse-buch.de
- Metaverse Vortrag: metaverse-vortrag.de
- Liste mit Links zu allen Metaverse-Themen: metaverse-buch.de/metaverse-links
- Metaverse: Verstehen, planen, machen
- www.businessvillage.de/metaverse-verstehen-planen-machen.html

Ausblick und weitere Infos

Wir haben in diesem Buch sehr viele Ansätze gesehen, wie Gamification in Präsentationen unterhaltsam, spielerisch und wirkungsvoll genutzt werden kann. Das Thema Gamification nimmt immer mehr Raum in vielen Bereichen wie Weiterbildung, Vertrieb und Marketing ein.

Das ist auch folgerichtig, denn wir müssen in immer kürzerer Zeit Informationen aufnehmen, uns Wissen aneignen oder Entscheidungen treffen. Und wir brauchen auch die Motivation, uns mit Themen auseinander zu setzen. Betrachtet man nur die Lernforschung, zeigt das, wer mit Spaß lernt, ist motivierter, lernt tiefgehender und nachhaltiger.

Ausblick: Wie geht es also weiter?

Nach meiner Einschätzung wird die Anzahl gamifizierter Präsentationen in den nächsten Jahren zunehmen. Das fängt an bei kleinen spielerischen Elementen bis dahin, dass die gesamte Präsentation als ein ganzes Spiel aufgebaut ist. Zuschauer werden durch die Professionalisierung von Gaming, Fernsehen, Streaming und Social Media immer anspruchsvoller. Wenn die Präsentation wie bisher daherkommt, ist der Zug bei vielen schon abgefahren und das Interesse sinkt signifikant.

In Zukunft werden Präsentationen wie Spiele, professionell strukturiert, grafisch und optisch brillant, einladend und motivierend, spielerisch und unterhaltsam ihre Zuschauer begeistern.

Corona hat Online-Meetings in den Alltag eingeführt und ist heute nicht mehr wegzudenken. Ich prophezeie dem Metaverse eine ähnliche Entwicklung. Es werden sich in den nächsten Jahren virtuelle Welten bilden, die für uns heute so selbstverständlich wie Online-Meetings sind. Vielleicht ist es das Auto der Zukunft, in dem wir mit VR-Brille sitzen und im Metaverse surfen. Vielleicht ist es die Raumfahrt, die das Metaverse befeuert. Ich weiß es noch nicht, aber es wird eines Tages auch in unseren Alltag einfließen.

Ein weiterer starker Treiber unserer Wirtschaft, Weiterbildung und Gesellschaft ist die künstliche Intelligenz (KI oder englisch AI). Man kann heute schon mithilfe von KI Präsentationen erstellen lassen. Der Haken dabei: Sie sind schrecklich langweilig und dann braucht es Gamification, um die Inhalte spannender zu präsentieren.

Bei der KI wird es auch eine Entwicklungskurve geben und sie wird besser werden, aber bis sie gamifizierte Präsentationen erstellen kann, wird es noch viele Jahre dauern.

Aktuell sind Metaverse und KI noch auf dem Niveau der Flugzeuge der 1920er-Jahre. Und wenn man sich anschaut, was Flugzeuge heute alles können, ist für virtuelle Welten und künstliche Intelligenz noch viel Luft nach oben.

Die beiden sehe ich als die größten Entwicklungen nicht nur für Präsentationen sondern auch für Wirtschaft, Weiterbildung und Gesellschaft in den nächsten Jahren. Sie werden an starken Einfluss gewinnen und unser Verhalten verändern.

Und an dieser Stelle gebe ich zu, ich habe das Buch mit Unterstützung von KI geschrieben. An Abenden, an denen mir nichts einfiel oder ich Schreibblockaden hatte, habe ich mich anregen lassen. Die artifizielle Unterstützung hat mir manchmal den entscheidenden Tipp gegeben und mich inspiriert zu schreiben. Durch den Einsatz ist mir die Tragweite der KI besonders bewusst geworden und ich habe Stärken und Schwächen erkannt.

> Mein Tipp: Beschäftige dich mit Metaverse und KI.

Weiterführende Infos und Downloadlink

In diesem Buch konnte ich nur einen Auszug der Möglichkeiten von Gamification aufzeigen. Ich habe versucht, viele Beispiele aus der Praxis aufzuzeigen und es gibt natürlich noch viel mehr. Wenn du noch mehr lernen möchtest, melde dich am besten in unseren Infoletter unter an: *www.smavicon.de* oder besuche eines meiner Seminare *www.inflow-academy.de*.

Falls du Fragen, Kommentare oder Anregungen hast oder von mir einen Tipp haben möchtest, schreibe mir gerne an *kontakt@smavicon.de*. Verbinde dich über LinkedIn mit mir, ich freue ich mich über den Austausch ☺.

Jetzt wünsche ich dir ganz viel Erfolg mit deinen gamifizierten Präsentationen.

Bildnachweis

Autorenfoto: Fotograf Jonas Schönian

Abbildung 5: Slidemodel

Abbildung 6: Adobe Stock, ©Taras Livyy, ©Tandem

Abbildung 8: Slidemodel

Abbildung 11: Creative Commons Zero

Abbildung 12: Creative Commons Zero, Microsoft Archive

Abbildung 17: Creative Commons Zero

Abbildung 18: Envato, ©Enlancer, Microsoft Archive

Abbildung 19: Envato Elements, © alexdndz

Abbildung 20: SlidesGo

Abbildung 21: Adobe Stock, ©pinkeyes

Abbildung 22: Envato Elements, ©KitPro

Abbildung 23: Adobe Stock, © Bur_malin

Abbildung 24: Envato Elements, © alexdndz

Abbildung 25: Creative Commons Zero, Microsoft Archive

Abbildung 26: Creative Commons Zero, Adobe Stock, ©DeshaCAM

Abbildung 27: RRslide

Abbildung 28: Adobe Stock, ©Henry Letham

Abbildung 29: Adobe Stock, ©U2M Brand, ©BillionPhotos.com

Abbildung 30: Adobe Stock, ©lassedesignen

Abbildung 31: Creative Commons Zero

Abbildung 33: Creative Commons Zero

Abbildung 34: Creative Commons Zero, Microsoft Archive

Abbildung 35: Creative Commons Zero

Abbildung 37: Adobe Stock, © danielabarreto

Abbildung 38: Adobe Stock, ©kasheev

Abbildung 39: dgim-studio/Freepik

Abbildung 40: Envato Elements, ©2sideswork, Microsoft Archive

Abbildung 41: Envato Elements, ©RaviraCreative, MS Archive

Abbildung 42: ©空知英秋, Hideaki Sorachi, dannychoo

Abbildung 43: Slidemodel

Abbildung 44: (unten) Adobe Stock, ©G. Lechevalier

Abbildung 45: Adobe Stock, ©deagreez

Abbildung 46: Adobe Stock, ©massy

Abbildung 47: Envato Elements, ©Rawpixel

Abbildung 48: Adobe Stock, ©TJ Barnwell

Abbildung 49: SlidesGo

Abbildung 50: Adobe Stock, ©PF-Images; Envato Elements, ©PF-Images

Abbildung 51: Envato Elements, ©LightfieldStudios

Abbildung 52: Microsoft Archive

Abbildung 53: Microsoft Archive

Abbildung 54: Microsoft Archive

Abbildung 56: Slidemodel, Creative Commons Zero, pngall.com

Abbildung 58: Slidemodel

Abbildung 59: Creative Commons Zero

Abbildung 60: Microsoft Archive

Abbildung 61: Creative Commons Zero, Microsoft Archive

Abbildung 63: SlidesGo

Abbildung 66: SlidesGo

Abbildung 68: Microsoft Archive

Abbildung 69: Pixabay, ©Stokpic

Abbildung 70: Adobe Stock, ©FomaA

Abbildung 71: Microsoft Archive

Abbildung 75: Matthias Garten, Spatial

Abbildung 76: Matthias Garten, Spatial

Abbildung 77: Matthias Garten, Spatial

Literaturliste

Apple (2023): Aufnehmen eines Bildschirmfotos oder des Bildschirminhalts auf dem iPad. support.apple.com/de-de/guide/ipad/ipad08a40f3b/ipados, Abruf am 14. März 2023.

Comedy Redner: www.comedy-redner.de, Abruf am 14. März 2023.

Dietmar Dahmen (2016): Dietmar Dahmen über innovatives Marketing - Adobe Digital Marketing Days 2016. youtu.be/5qNDcpgYotQ, Abruf am 14. März 2023.

Dietmar Dahmen (2022): Vortrag Innovation bei Redneragentur Premium Speakers buchen. youtu.be/AQqTl7MVAxg, Abruf am 14. März 2023.

Google (2023): Screenshot oder Video Ihres Android-Bildschirms aufnehmen. support.google.com/android/answer/9075928?hl=de, Abruf am 14. März 2023.

Geert Hofstede (2011): Dimensionalizing cultures. The Hofstede model in context. Online readings in psychology and culture 2, 1, 8.

Isnichwahr: Was Zuckerwatte heutzutage schon kann *vvs. www.isnichwahr.de/r401860-was-zuckerwatte-heutzutage-schon-kann-vvs.html, Abruf am 14. März 2023.

Philip Kotler, Kevin Lane Keller, Friedhelm Bliemel (2007): Marketing-Management. 12. Auflage.

Bernhard Ludwig (2012): Die »Morgen darf ich essen, was ich will«-Diät. Gräfe und Unzer.

Jochen Mai (2022): 100 Witze zum Totlachen, Schmunzeln und Erzählen. karrierebibel.de/witze, Abruf am 14. März 2023.

Hans Scheuerl (1990): Das Spiel. Untersuchungen über sein Wesen, seine pädagogischen Möglichkeiten und Grenzen. 11. Auflage. Weinheim und Basel.

SlidesGo (2023): Anime Comic MK Plan. slidesgo.com/de/theme/anime-comic-mk-plan, Abruf am 14. März 2023.

TikTok: https://www.tiktok.com/@finanznerd

Eva Ullmann (2022) im Interview mit Rhetorik Trainer Michael Ehlers: HUMOR – Interview mit dem Institut für Humor, Leipzig. Rhetorik Newsletter, 8. Juli 2022. www.linkedin.com/pulse/humor-interview-mit-dem-institut-f%C3%BCr-humorleipzig-frau-ehlers/?trk=pulse-article&originalSubdomain=de, Abruf am 14. März 2023.

Verena Töpper (2017): Auf Patrouille am Amazonas. Polizisten, die auf Büffeln reiten. www.spiegel.de/lebenundlernen/job/brasilien-polizisten-reiten-auf-bueffeln-a-1128501.html, Abruf am 14. März 2023.

Siegbert A. Warwitz, Anita Rudolf (2021): Sinngebungen des Spiels. In: Dies.: Vom Sinn des Spielens. Reflexionen und Spielideen. 5. Auflage. Baltmannsweiler, S. 37–125.

Agile Games

Christian Böhmer
Agile Games
Das Spielebuch für agile Trainer, Coaches
und Scrum Master
2. Auflage 2023

252 Seiten; Broschur; 19,95 Euro
ISBN 978-3-86980-543-6; Art.-Nr.: 1102

Komplexe Fragen und Problemstellungen lassen sich auch spielerisch angehen. Gerade agile Spiele machen den Wandel greifbar, eröffnen neue Perspektiven und ermöglichen es, Erkenntnisse und kreative Ideen in einem geschützten Spielraum zu entwickeln.

Wie lassen sich agile Spiele gezielt einsetzen? Welche agilen Spiele gibt es? Wie lassen sich agile Spiele (weiter-)entwickeln? Wie funktioniert agiles Online-Gaming?

Antworten darauf liefert Böhmers Buch. Anschaulich zeigt es, wie agile Spiele gezielt eingesetzt werden und welche neuen Möglichkeiten sich im spielerischen Umgang mit Herausforderungen ergeben. Böhmers Buch liefert ein umfassendes Set an agilen Spielen inklusive praktischer Tipps zur Anwendung. Von Kick-off-Spielen über Spiele zur Vermittlung agiler Mindsets bis hin zu Strategiespielen.

Dieses Buch ist die praktische Toolbox für agile Workshop-Macher.

www.BusinessVillage.de

ad hoc visualisieren

Malte von Tiesenhausen
ad hoc visualisieren
denken sichtbar machen
4. Auflage 2020

192 Seiten; Broschur; 24,80 Euro
ISBN 978-3-86980-298-5; Art.-Nr.: 930

Wünschst du dir, deine Ideen verständlicher und auf den Punkt zu vermitteln? Du möchtest beim Arbeiten an Lösungsstrategien die Potenziale aller Teilnehmer voll ausschöpfen? Oder du möchtest bei Vorträgen oder Präsentationen Inhalte so vermitteln, dass deine Zuhörer den Informationsfluten nicht durch geistige Abwesenheit trotzen? Dann ist dieses Buch die Lösung ....

... Denn ein Bild sagt mehr als tausend Worte.

Das gilt für die immer komplexer werdende Welt mehr denn je. Wer das Visualisieren beherrscht, findet schnell eine gemeinsame Ebene und einen gemeinsamen Zugang, der nicht durch Worte verdeckt ist.

Du kannst gar nicht zeichnen? Du hast kein Talent? Falsch!

Mit diesem Buch wirst du den Zeichner in dir entdecken. Nutze die Visualisierung, um nachhaltiger zu erklären und als ganz neue Ressource bei der Ideenentwicklung. Der Cartoonpreisträger und Visualisierungsexperte Malte von Tiesenhausen inspiriert dich in diesem Buch, selbst den Stift in die Hand zu nehmen und ihn nicht wieder loszulassen. In unterhaltsamer und aufgelockerter Art und Weise stellt er Methoden und Techniken vor, wie du selbst die Kraft der Bilder nutzt und deinen Fokus auf die Welt erweiterst.

www.BusinessVillage.de